把信送给加西亚

（美）哈伯德（Hubbard, E.）◎著
李昊轩◎译

中国商业出版社

图书在版编目（CIP）数据

把信送给加西亚／（美）哈伯德（Hubbard, E.）著；李昊轩译. —北京：中国商业出版社，2012.7
ISBN 978-7-5044-7763-7

Ⅰ.①把… Ⅱ.①哈… ②李… Ⅲ.①职业道德—通俗读物 Ⅳ.①B822.9-49

中国版本图书馆 CIP 数据核字（2012）第 126321 号

责任编辑：张振学

中国商业出版社出版发行
010-63180647　www.c-cbook.com
（100053　北京广安门内报国寺1号）
新华书店总店北京发行所经销
北京洲际印刷有限责任公司
*
880×1230毫米　32开　5.5印张　99千字
2012年7月第1版　2018年6月第3次印刷
定价：　15.80元
* * * *
（如有印装质量问题可更换）

作者简介

阿尔伯特·哈伯德（1856－1915），美国著名出版家、作家，《菲士利人》和《兄弟》杂志的总编辑、Roycrofters 公司创始人和总裁。

哈伯德，1856 年 6 月 19 日出生于美国伊利诺州的布鲁明顿，父亲既是农场主又是乡村医生。

哈伯德在塔夫茨大学取得文学硕士之后，又在芝加哥大礼堂获得法学博士学位，最后进入了哈佛大学，在那里从事教学、编辑和演讲工作。

哈伯德年轻时曾供职于巴夫洛公司，是一个很成功的肥皂销售商，但他却不满足于此。随后，他辍学开始徒步旅行到了英国。

回到美国后，他试图找到一家出版商来出版自己那套名为《短暂的旅行》的自传体丛书。然而，当一切努力化为泡影后，他决定自己来出版这套书。不久，哈伯德就被证明是一个既高产又畅销的作家，名誉与金钱相继而来，闻名于世，他甚至被称为"东奥罗拉的圣人"。

1890年,他在伦敦遇到了威廉·莫瑞斯,于是回到家乡东奥罗拉创办了 Roycrofters 出版社以及 Kelmscott 出版社。不久 Roycrofters 公司的业务蒸蒸日上,这种半社区性质的机构吸引了无数人群,公司的正式员工增加到 800 人。

伴随着出版社规模的不断扩大,人们纷纷慕名来到东奥罗拉来访问这位非凡的人物。最初观光客都在他住处的四周住宿,但是慢慢地人越来越多,使得已有的住宿设施无法容纳了,为此,哈伯德还特地盖了一座旅馆,在旅馆装修时,他让当地的手工艺人做了一种简单的直线型家具,没想到游客们非常喜欢这种家具,于是,一个家具制造产业由此诞生了。

1899年,哈伯德根据安德鲁·萨默斯·罗文的英勇事迹,创作了鼓舞人心的《把信送给加西亚》,该作品被译成多种文字,广为流传。

哈伯德终生致力于出版和写作,他的主要出版物,除了《菲士利人》和《兄弟》两份月刊外,自己也创作了许多著作:《一天》、《现在的力量》、《自己是最大的敌人》、《一生的目标》、《时间和机遇》、《约翰·布朗的一生》等,此外还有在杂志上发表的上万篇文章。其影响力在《把信送给加西亚》一书出版后达到了顶峰。

《把信送给加西亚》是哈伯德著作中不朽的名著，今天人们阅读着这本承载百年智慧的小书，仍能感受到强烈地震撼着久已枯燥的心弦，即便是最强硬的顽石也会为之动容。

然而，这所有的一切都随着哈伯德和他的妻子爱丽斯所乘坐的路西塔尼亚号轮船被德国水雷击中而沉入海底，哈伯德过早地结束了他辉煌的事业。公司的重担落在了其儿子伯特身上。尽管伯特十分努力地工作，但依然阻止不了公司的衰落。

为了纪念这位哲人，Roycrofters公司的出版物及生产的其他工艺品得到了人们的疯狂收藏。阿尔伯特·哈伯德这个名字也因《把信送给加西亚》一书而声名远扬，得以永久流传！

目录 Contents

1 part 一本改变世界的书

中文版序 ·· 2

原出版者序 ·· 5

阿尔伯特·哈伯德的自述 ························ 8

阿尔伯特·哈伯德的商业信条 ················ 12

阿尔伯特·哈伯德的人生信条 ················ 13

安德鲁·罗文自述：我是如何把信送给加西亚的 ······ 15

加西亚将军的回信 ·································· 40

美国总统的公开信 ·································· 43

威廉·亚德里：上帝为你做了什么 ········ 46

马克·戈尔曼：一本让人震撼的书 ········ 53

2 part 解读信使的品质

敬业是一种美德 ···································· 56

要做就要做到最好 ································ 64

自动自发去工作 …………………………………… 71
拒绝平庸,选择卓越 ………………………………… 77
以坚定的自信对待自己 ……………………………… 85
宽容和理解你的老板 ………………………………… 91
不要只为薪水工作 …………………………………… 96
以老板的心态对待公司 ……………………………… 103
每一件小事都值得做好 ……………………………… 108
拖延和抱怨是一种恶习 ……………………………… 116
每天多做一点点 ……………………………………… 121
满怀感恩之情 ………………………………………… 127
忠诚会助你取得成功 ………………………………… 133
热爱工作能创造奇迹 ………………………………… 139
全心全意,尽职尽责 ………………………………… 146
你愿意做哪种人呢 …………………………………… 153

附录:

英文版原文 …………………………………………… 158
关于本书的赞誉 ……………………………………… 165

1 part
一本改变世界的书
A Message To Garcia

把信送给加西亚
A Message To Garcia

中文版序

一百多年前的一个傍晚,出版家阿尔伯特·哈伯德创作了一篇不朽的文章——《把信送给加西亚》。这本书曾经风靡整个世界,至今仍然畅销不衰。书中主人公安德鲁·萨默斯·罗文早已经成为忠诚敬业、尽职尽责、主动服从的象征。

也许你要说,在当今这个标新立异,崇尚个性的时代,如果再有人去重提"忠诚"、"敬业"、"服从"、"信用"之类的话题则未免显得有点不合时宜。但是,毋庸置疑,时代虽然在发展,罗文身上所体现的精神却永不过时,因为它代表了维系人类社会发展和推动文明进步的古老而美好的价值观。

在现实中,对于企业的老板和公司管理者们来说,员工的忠诚、敬业、道德风险无时无刻不在警示着他们。不断变化的世界虽然给人们带来了很多美好的憧憬,但同时却也带走了许多有价值的东西,其中就包括那些经济发展所依赖的基本的商业精神:忠诚、勤奋和敬业等。

1 part
一本改变世界的书

工作中,许多年轻人常常以玩世不恭的态度对待自己的工作,对待自己的人生。他们要么不以为然,消极懈怠;要么投机取巧,频繁跳槽。他们总是认为自己在为别人打工,是在出卖自己的劳动力,他们把忠诚和敬业视为老板愚弄和剥削下属的手段。这种病态的执业心理如同瘟疫一样在各类组织中蔓延,严重地阻碍了社会的发展和进步。

只有才华,没有责任心,缺乏敬业精神,我们是否真的能够心想事成?答案是否定的,因为在现实世界里,可以说到处都能看到有才华的穷人。他们贫穷的原因就在于他们忽视了人类社会运行的一个基本法则:互惠双赢,不知道忠诚才会获得信任,付出才会获得回报的道理。

本书的主人公安德鲁·萨默斯·罗文在接到麦金利总统的任务——给加西亚将军送一封决定战争命运的信后,他没有提出任何疑问,而是以其绝对的忠诚、责任感和创造奇迹的主动性完成了一件看似"不可能完成的任务"。罗文中尉也因此获得杰出军人勋章,他的事迹在全世界广为流传,并在生前身后赢得了无数人的崇敬。而"送信"则早已成为一种象征,成为人们敬业、忠诚、主动和荣誉的象征。

无疑,在现代企业中也有很多"把信送给加西亚"的任务,所有组织的管理者,无论是企业的老板,还是机关的领导,相信看到这本书都会深有体会地发出这样的感慨——"到哪里能找到'把信送给加西亚'的人"?因为,任何组织要想获得成功,其成员的主动性、责任感、敬业和忠诚度都是至关重要的。如果你能像罗文一样忠诚敬业、尽职尽责、自动自发,那么任何一个老板都会视你为企业的栋梁,自然你也会获得更为广阔的发展空间。

经历了100多年的历史考验,《把信送给加西亚》依然是历史上最伟大的作品之一。它曾经被无数次印刷、复印,发给士兵、公务员、公司职员和所有的人。

今天,我要再一次把这本书推荐给每个人,愿更多人能够看到这本书,愿社会出现更多像罗文中尉那样的人!

原出版者序

阿尔伯特·哈伯德，美国纽约 Roycrofters 出版社创始人和总裁，他坚强刚毅，是一位极其坚定的个人主义者。终其一生，他都在坚持不懈地勤奋工作。唯一让人遗憾的是，他的生命消逝得太快了：1915 年，德国水雷击沉了在海上航行的"路西塔尼亚"号轮船，哈伯德夫妇在这一事故中不幸罹难，从而过早地结束了其辉煌的事业。

阿尔伯特·哈伯德于 1859 年出生于伊利诺伊州的布鲁明顿——后来这个地方因为 Roycrofters 出版社所印刷、出版的优秀出版物而闻名于世。在经营这家出版社的那段时期，阿尔伯特·哈伯德曾主办了《菲士利人》和《兄弟》两本杂志。实际上，这两本杂志中大部分文章的撰写工作都是由哈伯德一人独立完成。哈伯德兴趣广泛，执业经历丰富，曾经做过教师、编辑、出版商和演说家，而且让人称奇的是他在演讲台上所取得的成就也一点不亚于他在写作和出版上所取得的成绩。

1899 年，哈伯德根据安德鲁·萨默斯·罗文的英勇事迹，创作了鼓舞人心的《把信送给加西亚》。从第一次出版时开始，《把信送给加西亚》就受到了异常热烈的欢迎。这也是连作者自己都始料不及的。

故事中那个名叫安德鲁·萨默斯·罗文的送信人，是一名年轻的美国陆军中尉。时值美西战争（1898年4月至12月美国与西班牙之间争夺殖民地的战争）即将爆发之际，美国总统麦金利（美国第25任总统，1897—1901在任）急需派一名合适的人员去完成一项极为重要的任务——将一封密信交给古巴将军加西亚。很快，军事情报局就给总统推荐了一个人选：安德鲁·萨默斯·罗文中尉。

接到命令后，在没有任何护卫的情况下，罗文中尉立刻出发了，一直到他秘密登陆古巴岛，古巴的爱国者们才给他派来了几名当地的向导，最终完成任务。对于那次冒险经历，罗文总是很谦虚地说，他仅仅是遭遇了几名敌人的包围，然后又设法逃了出来，并最终把信送到反殖民战争中的关键性人物——加西亚将军手上。

实事求是地讲，我们一点也不否认罗文中尉在完成任务的过程中，肯定会存在着一些促使其成功的偶然因素，但是个人的努力以及有着完成任务的迫切愿望则是他成功完成任务的必然因素所在。

在他成功地完成了任务回到美国之后，为表彰他的勇

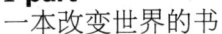

敢和所作出的杰出贡献,美军陆军司令亲自为他颁发了奖章,并给与他极高的评价:"罗文中尉出色地完成了任务,这一壮举绝对是军事史和战争史上最具冒险性也最为英勇的事迹。"

对于这样的赞誉之词,罗文中尉当然是受之无愧的。但是,透过这些华丽的光环背后,我们更应该注意到,罗文中尉之所以能取得成功并不仅仅因为他杰出的军事才能,而是在于他崇高的道德品质:忠诚、勇敢、坚毅。正是他的这种优秀的品质,才使得他永远为历史、为世人所铭记,并成为后人光辉的典范。

把信送给加西亚
A Message To Garcia

阿尔伯特·哈伯德的自述

　　这篇《把信送给加西亚》是我在一天吃完晚饭后花了几乎不到一个钟头的时间完成的。这天恰巧是1899年2月22日，即华盛顿的诞辰纪念日，三月份的《菲士利人》杂志的出版工作已经准备就绪。

　　也许是因为这天精神太好了，在忙碌了一天之后我写下了它。当时我正努力地教育那些不务正业的城市年轻人提高自我反省意识，重新振作起来，以摆脱从前那种浑浑噩噩、百无聊赖的生活。

　　创作的灵感源于喝茶时的一次短暂辩论。在辩论中，我的儿子提出了一个与众不同的观点，他认为美西战争中真正的英雄应该是那个叫安德鲁·罗文的中尉：罗文中尉孤身一人出发，却把艰巨的任务顺利地完成了。他找到了加西亚将军，把信交给了他。

　　他的话像火花一样在我的头脑里闪了一下，我幡然醒悟：对的，孩子说的是对的！所谓英雄，就是成功地把信送给加西亚的人！

1 part
一本改变世界的书

我为这一发现而兴奋不已,于是我平复了一下心情,离开和儿子讨论的现场,便迅速提笔写下了这篇文章。当时我并没有把这当作一回事儿,尽管这篇文章的标题还没有拟好,但又有什么关系呢?但所有的这一切在这篇文章被刊登在《菲士利人》杂志上被彻底改变了:

杂志第一版很快就被抢购一空。不久,请求加印的定单也很快飞过来了,10份、50份、100份……当一家美国新闻公司发来订购1000份杂志的请求时,我忍不住问一个助手,究竟是哪篇文章引起了这么大的反响。他回答说:"是有关加西亚的那篇文章。"这让我惊喜不已!

而且,更大的喜悦还在后面,就在第二天,纽约中心铁路局的乔治·丹尼尔也发来了一份电报,电报中明确无疑地写着:"将关于罗文的文章印成小册子的形式,10万份,小册子的封底上要求印有帝国快递广告,请予以报价,并确定最终的到货期限。"

10万册——这在当时那种印刷设备极端简陋的条件下,简直就是个天文数字。在经过慎重的考虑之后,我立即作了报价,并向丹尼尔先生保证我们能够在两年内提供足够数量的小册子。

丹尼尔先生愉悦地接受了我的条件。但事情的结果却又大大出乎我的意料之外:仅这种形式的小册子,丹尼尔先生一下竟然销售了将近50万册,而其中的近三成都是由他自己直接发送的。除了这种小册子的形式,这篇文章在国内还被两百多家杂志和报纸上刊登和转载,甚至还被翻译成各种语言文字在全世界流传。

当丹尼尔先生正在派发《把信送给加西亚》小册子期间,时任俄罗斯铁道大臣的西拉克夫亲王正好也来到纽约访问,刚好由丹尼尔先生负责接待,并负责陪同他参观这座城市。在游览的过程中,丹尼尔先生顺便向他提起了这本小册子。亦或许是发行数量特别巨大的原因,这本小册子引起了亲王的兴趣。

亲王回国后,便立即安排人把这本小册子翻译出来,并且分发到每一个铁路职工的手中,作为必读的职业书籍。

接着,其他国家也纷纷引进和翻译了这篇文章,从俄罗斯到德国、法国、西班牙、土耳其、印度甚至中国。

在日俄战争期间,甚至每一位上前线的俄罗斯士兵身上都带着一本《把信送给加西亚》这样一本小册子。日本人在整理战场上战死的俄罗斯士兵的遗物时,自然而然地发现了这本小册子,由于每个士兵都会随身携带,这使得日本人认定这本小册子一定具有某种不可思议的价值所在。很快,这本《把信送给加西亚》便被翻译成了日文。日本天皇甚至还下了一道诏书:每一位日本政府官员、士兵乃至平民百姓都必须人手一册《把信送给加西亚》,以学习这种精神。

《把信送给加西亚》的影响还在不断扩大。迄今为止，《把信送给加西亚》这本小册子的发行量已高达4000万册。尽管是说我自己，但作为一个事实我不能不说：在一个作家的一生当中，在所有的写作事业当中，是从来没有人获得过如此卓越的成绩的，也从来没有一本书能够迅速达到如此惊人的销售量！

而这些事实也让我越来越相信，历史本是形成于一系列偶然性的事件。

阿尔伯特·哈伯德
1913年12月1日
东方黎明

阿尔伯特·哈伯德的商业信条

我相信我自己。

我相信自己所出售的商品。

我相信我的公司。

我相信我的同事。

我相信美国的商业模式。

我相信生产者、创造者、制造者、销售者以及世界上所有勤奋工作着的人们。

我相信真理。

我相信愉快的心情会带来健康的身心。

我相信成功的关键是创造价值,而并不光是赚钱。

我相信阳光、空气、菠菜、苹果酱、酸乳、婴儿、羽绸和雪纺绸。

请始终记得,英语中最伟大的单词就是"信心"。

我相信自己每销售一件产品,就又交上了一个朋友。

我相信当自己与一个人分别时,彼此渴望着重逢,再见时他看到我很高兴,我见到他也愉快。

我相信工作的双手、思考的大脑和仁爱的心灵。

1 part
一本改变世界的书

阿尔伯特·哈伯德的人生信条

我相信是上帝创造了人类。

我相信上帝保佑由父亲、母亲和子女组成的三位一体的家庭组合。

我相信上帝就在我们的身边,我们和上帝是如此的近,我相信上帝创造了这个世界之后,不会置之不理,任其自生自灭。

我相信灵魂的暂居之所——人类身体的神圣。因此我认为通过正确思考和生活以保持形体的美感是每一个男人和女人的义务。

我相信男人对女人的爱和女人对男人的爱是神圣的。在这种爱推动下的灵魂和人类对上帝的爱或是思想的最深处同样的神圣崇高。

我相信经济、社会和精神上的自由可以使人类获得救赎。

我相信约翰·拉斯金、威廉·莫里斯、亨利·索罗、沃尔特·惠特曼和托尔斯泰是上帝的先知,他们思想的造诣和灵魂的境界应当与伊利亚、何西阿、以西结和以塞亚齐名。

我相信人类像以前一样并将永远被激动和鼓舞着。

我相信人类将生活在永恒之中,而这正是我们所希望的。

我相信为未来生活做准备的最佳方法是心存善良,在某个时候的某一天尽全力做好工作,使它尽善尽美。

我相信我们应当记得每一个做礼拜的日子,因为它是神圣的。

我相信魔鬼是不存在的,存在的只是恐惧和懦弱。

我相信除了自己没有人可以打败你。

我相信我所具有的神性和你是一样的。

我相信我们都是上帝的子女,除此之外,我们什么都不是。

我相信到达天堂的惟一途径就是把天堂放在你心中。

1 part
一本改变世界的书

安德鲁·罗文自述：
我是如何把信送给加西亚的

个人简介

安德鲁·罗文中尉（1857－1943 年），弗吉尼亚人，1881 年毕业于西点军校，美国陆军上校。

作为一个军人，他与陆军情报局一道完成了一项重要的军事任务——将信送给加西亚，被授予杰出军人勋章。立功之后，他曾服役于菲律宾，因作战勇敢而受到嘉奖。从军队退役后，他在旧金山度过了他的余生，于 1943 年 1 月 10 日逝世，终年 85 岁。

但是，人们却没有忘记他，他那次送信的英勇事迹，通过《把信送给加西亚》一本小册子传遍了全世界，并成为忠诚、敬业、服从、勤奋的象征，对后世产生了深刻的影响。

临危授命

19 世纪末期，西班牙早已衰落，在国际上陷于孤立。

把信送给加西亚
A Message To Garcia

特别是古巴和菲律宾两地人民反对西班牙殖民统治的武装斗争,钳制着大量西班牙军队。西班牙军对古巴起义者的残酷镇压激怒了美国政府,并危及美国在该地的经济利益。1898年2月15日,美国派往古巴护侨的军舰"缅因"号在哈瓦那港爆炸,这一事件彻底激怒了美国人民,于4月22日对西班牙采取军事行动。

也就是在战争一触即发之际,时任美国总统麦金利明确地意识到,要想最终取得胜利,迫切需要得到相关的情报,包括古巴起义军的情况到底是怎样?在古巴岛上的西班牙军队数量有多少?战斗力、士气如何?以及古巴的地形、路况和医疗条件等等,甚至还包括在美军动员集结期间,古巴起义军需要哪些援助才能牵制住敌人及在接下来的美军同起义军的协同作战等问题。

要搞清楚这些情况,就必须在最短时间内与古巴起义军首领加西亚将军取得联系。为此,麦金利总统忧心忡忡。

"到底到哪里才能找到一个能够把信送给加西亚的人?"麦金利总统询问军事情报局局长阿瑟·瓦格纳上校。上校立即回答说:"我认识一个年轻的陆军中尉,名叫安德鲁·罗文。我敢保证,如果真的有人能够完成这项任务,非他莫属。"

"那就这么决定了!"总统下了最后的决断。

1 part
一本改变世界的书

1个小时之后,瓦格纳上校便通知我下午1点在海陆军指挥部与他共进午餐。餐毕,上校把我带到一辆马车上,车帘落下,车内的光线有些昏暗。上校首先问我:"下一班去牙买加的船什么时候开?"

我想了想,答道:"明天中午会有一艘英国轮船'阿迪罗达克'号从纽约出发。"上校马上追问道:"你能乘上这艘船出发吗?"见上校态度严谨,我考虑了一下,肯定地回答:"没问题!"上校回答说:"那好,你就准备明天上船吧。"

看着我脸上的疑惑神情,上校依然神情严肃地对我说:"我的士兵,总统派你去完成一项艰巨的任务,把一封信送给古巴起义军领导人加西亚将军。但是关于将军的情况我们所知甚少,我们现在仅知道他或许应该在古巴东部的某个地方,或许也不在那里。你的任务就是把总统的信带给他,并从他那里收集我们所需要的情报。出于政治因素的考虑,任何能证明你身份的东西都不允许随身携带。这就意味着,如果在中途发生任何意外情况,国家不会给你提供任何帮助。你也知道,在美国独立战争期间的内森·黑尔与美墨战争中的里奇中尉都是在传递情报的过程中被捕而牺牲的。我们必须吸取教训,这次行动不能有任何闪失。"

"好好准备吧!在你坐船抵达牙买加时,古巴军事联

把信送给加西亚
A Message To Garcia

络处的人会在那里等你，然后给你引路。没人知道加西亚将军的具体位置，而且我们也不能中途联络你，以后所有的一切只能靠你自己解决了！你必须牢记一点：美国和西班牙一旦开战，我们就特别需要你从古巴收集的情报，这对于我们制定未来的作战计划至关重要。这项任务就交由你一个人去完成，你必须不辱使命。祝你好运！"

听完瓦格纳上校的话，一股崇高的军人荣誉感在我的内心翻腾，我没有多说任何话，面对上校敬了一个标准的军礼，接过那封信，转身离开了。

听完上校的叙述，我非常清楚这项任务的重要性和艰巨性。虽然美西两国还未交战，但错综复杂的形式，如果一步走错，就全盘皆输，后果很有可能将会赔上自己的性命。

但，服从是军人的天职。不管怎样，作为军人，他的生命是属于他的国家，接受命令就必须义无反顾，即使失去性命也在所不惜。

午夜，我乘坐火车离开了华盛顿。

涉险牙买加

去古巴最为快捷的路线，就是经由牙买加穿过，而且之前的情报显示在牙买加还设有一个古巴军事联络处，我满怀希望可以从这个联络处打听到加西亚将军的消息。

1 part
一本改变世界的书

到了纽约之后,第二天我准时搭上了那艘英国渡轮"阿迪罗达克"号,一路还算风平浪静。在旅途中,为了掩饰自己的身份,我也极少和别人说话聊天。

当船驶进古巴海域时,我明显感受到危险迫近的感觉。要知道,我身上可是携带着一份美国政府给牙买加政府发的官方信函,它可以向牙买加当地政府证明我的身份。但是,如果此时战争已经爆发,那么依照国际惯例,西班牙人是一定会在海上严加巡逻,搜查每一艘过往的船只的。行迹暴露,我惟一的出路就是将作为战犯被逮捕起来。慎重起见,我再三考虑决定把文件藏进头等舱的救生衣里面,直到轮船顺利地绕过了这片危险的海域,我才松了口气。

第二天的早晨 9 点,我终于到达了牙买加。我是在 4 月 8 号那天离开华盛顿的,到了 4 月 20 号才用密电告知当局我已安全抵达目的地。4 月 23 号收到回电:找到加西亚将军,越快越好!

随后便开始紧急寻找古巴的军事联络处。因为牙买加是中立国的缘故,所以古巴人在牙买加的活动几乎是公开进行的,很快我就找到了古巴军事联络处的指挥官拉伊先生。我们见面之后,我和他以及他的下属们一起讨论如何尽快把信送到加西亚将军手中。

随后我又赶到古巴军事联络处总部,在场还有几位我

把信送给加西亚
A Message To Garcia

先前没有见到过的古巴流亡者。正当我们在研究行动方案的时候，一辆马车驶到了门外。

"立即出发！"车上的人用西班牙语喊了一声。紧接着，我还没来得及说话就被带上了马车——一个军人服役以来最为惊心动魄的经历拉开了序幕！

一路上，马车疾驰而过，车夫也缄口不言，只是默不作声地驾驭着马车保持最快的速度。大约走了4英里路程，马车进入了一片热带雨林，之后我们又穿过一大片沼泽地，然后继续在一条平坦的乡间小路上疾驰，一直到一片丛林的边缘地带才停了下来。

车门打开，我又遇到一张陌生的面孔，那是另一辆马车的车夫，他要求我转移到在旁边等候的另一辆马车上。一如之前一样，这辆马车也飞驰而去……所有的一切明显都是事先早已安排好了的，一句多余的话也没有，连1秒钟也没有耽搁。

很快，我们的马车便穿越了一个小镇和一条宽阔的河谷，直到太阳快落山时，我们才到达一个驿站休息。经过一天的颠簸，我确实感觉很是疲惫了。正当我在驿站的院子里舒展筋骨的时候，突然发现在驿站旁边的山坡上一团黑影一摇一晃地冲我们直冲了下来。顿时我不禁提高了警觉。但当黑影走上前来，我才发现这是一个老黑人，他是给我们送烤鸡和啤酒来的。

他对我们讲着当地方言，很难听懂，但我明白他是在为我帮助古巴人民争取自由表示敬意。然而那位车夫却一如之前，对这些食物和我们的谈话毫无兴趣，换了两匹马，我们又上路了。

尽快赶路——马车飞奔……就在人困马乏之际，丛林中突然传来一声尖锐的哨声，一群人将我们的马车团团围住。

虽然在英国的管辖区内被西班牙士兵拦阻，我倒并不害怕。但如果牙买加当局事先知道我违反了他们的中立原则，那肯定会前来阻止我的行动的。不过，事情的发展证明我的担心是多余的，车夫和那群人一番小声的交谈之后，我们被放行了。

又经过1个小时左右的路程，我们的马车在一幢房屋前停了下来，室内灯光昏暗，屋子里已经准备好了一桌丰盛的晚餐。据接待的人讲，这是联络处特意为我们安排的。

侍者给我斟了一杯牙买加朗姆酒，我忍不住喝了一口，芳香醉人的美酒使马车上9个小时70英里的奔波劳顿几乎无影无踪了。我又连着喝了3杯。

晚餐结束后，一个长着络腮胡子，身材魁梧的人走了进来。他表情刚毅，眼神中透射出诚实而忠诚的光彩。他的名字叫格瓦西奥·萨比奥，来自墨西哥，曾因为抨击西班牙人的统治而被斩断一根手指，并把他流放到这里。古巴军事联络处决定派他来做我的向导，他将一直陪同我，直到我把信送到加西亚将军手中。

在这之后，小憩了不到1个小时的时间，我们继续上路了。半个小时后，又有人在吹口哨，这应该是一种联络的暗号。我们下了车，徒步穿越了一片灌木丛，又接着走了差不多1英里，才来到一个长满热带植物的小果园。

从这里就可以看到海湾。我们发现离海湾不到50码的地方停泊着一条小渔船。突然，船里闪起了一道亮光，我断定这肯定是一种类似呼哨声的联络信号！而格瓦西奥也很快作出了回应。我们与在此等候的人接上了头。船上的人很快就派了一个船员过来把我背到渔船上。

告别古巴军事联络处的人员，我的第一阶段的冒险顺利过关了。

海上历险

上船之后，我们发现小船中间堆放着许多石头，还有很多捆成长方体的货物，但就算这样，小船仍然像水面上漂浮的一片叶子一样，无法保持平稳。

我建议让格瓦西奥来负责掌舵，我和另一名助手当船员。我们分工合作，希望能以最短的时间走完这余下的3英里路程。

1 part
一本改变世界的书

格瓦内奥给我解释说,在狭窄的海湾里我们只能用桨划船绕过去,因为这里风力太小,很难航行。但幸运的是,我们很快就绕过了海峡。

但我的内心也更加紧张了。同行的人都清楚地知道,100英里以北就是古巴海岸,那里经常有西班牙武装轻型军舰巡逻队在此巡逻。尽管危机重重,但我必须要完成任务,我必须抵达古巴,找到加西亚将军,把信送到他手上。

我们的行动策略是,白天在距离古巴海域3英里的地方躲起来,等到黄昏,天渐渐黑下来之后,再快速划船转移到珊瑚礁后面,藏在那里等到天亮。此时即使我们被捕,因为身上没有携带任何身份证明,哪怕我们被扣留,也不会被严厉审问,毕竟敌人没有任何定罪的证据。退一步讲,就算敌人发现了证据,我们也可以立刻将船凿沉,敌人能找到的不过是几具无名的尸体罢了。

策略已定,我正想休息片刻,格瓦西奥突然大喊了一声,我们几个全都站了起来。原来是西班牙的巡逻舰正从几英里外的地方朝我们开过来,他们用简短的西班牙语勒令我们立即停下。

我们赶紧把帆降下来,只有格瓦西奥一个人还呆在甲板上,其他人都迅速躲了起来。

"或许西班牙人把我当成一个牙买加的渔夫就这样放

过我们了。"格瓦西奥冷静地说。

事情果然如他所料,当西班牙的巡逻舰开到离我们很近的地方时,站在船头上的那位无聊的年轻的船长便用西班牙语跟他打招呼:"有什么收获吗?"

格瓦西奥也用西班牙语回应道:"没有啊,白白忙了一个早上。"

现在想来,要是当时那位年轻的船长能够再聪明一点,或许就抓住我们了,而今天,我也就不可能在这里给大家讲故事了。

直到敌人的巡逻舰开远了,格瓦西奥才让我们重新升起船帆。之后,对我说:"这位先生想要睡觉的话,那就趁现在好好睡上一觉吧。危险已经告一段落了。"

多天的旅途劳顿,我一下子睡了整整六个小时,要不是因为太阳光太过耀眼的缘故,我想或许我还会睡更长的时间。下午四点左右,格瓦西奥收下了船帆,给船减速。我询问他为什么要这样做,他解释说:"我们离敌人军舰和战区越来越近了,如果我们不利用海上优势及时避开敌人,很快我们就会被西班牙人捉住,白白丢了性命,在这里求快冒险是没有必要的。"

紧接着,我们开始检查随身携带的武器。我只有一支史密斯威森左轮手枪,于是他们递给我一支威力巨大的来福枪。船上所有船员,用的都是这种武器。

1 part
一本改变世界的书

所有的人都清楚，任务执行到了关节点处了。虽然到目前为止，一切都还算顺利，虽然遇到不少危险，但都顺利地度过了。而此时则完全不同，一旦被逮捕，不仅意味着个人的牺牲，给加西亚送信的任务就别想再完成了！

此时，我们距离海岸还有25英里。直到午夜来临，我们再次把帆降下，奋力划桨，终于来到一个稍显平静的地方，但突然扑来一个巨浪，我们的小船一下被卷入一个隐蔽的海湾里。趁着月色，我们最终把船停在离岸边50码的地方。

我建议大家赶快上岸，格瓦西奥则提出反对意见，他认为在敌占区要更加小心谨慎，要是敌人试图搜寻我们的踪迹，他们必定会找到我们曾经路过的那片珊瑚礁，到那时我们上岸也不迟。而且我们还可以借助岸边大片的葡萄树、红树丛和刺莓掩护前行。

不过总算没发生什么意外。到了凌晨，暑气散去，太阳就要升起时，我们也开始忙碌了起来：船员们忙着把一摞摞货物搬到岸上，待到货物都搬完了之后，他们带我上岸，把小船拖到一个狭窄的河口处，倒扣在丛林深处隐藏起来。

在我们上岸的地方站着一群古巴人，他们穿着破烂的衣衫。在经过几个简单的手势沟通之后，我知道他们都是化装成搬运工的自己人，很明显这些人是战场上的士兵，他们身上明显的枪伤便是明证。东西搬运完毕，我们一行人，向西又走了大约1英里路程。不久，我们便看见一缕缕细小的烟从茂密的植被中袅袅升起，同行的人解释说这是从集中营里逃出来的古巴难民正躲在林子里熬制食盐。

就这样，我的第二段行程结束了。

丛林枪声

巨大的危险正在降临……

如果说在牙买加和海上只是经历了一点小波折，遭遇惊吓的话，那么从踏上古巴的那一刻开始，名副其实的危险就算来临了。

此时，古巴全国上下都笼罩在西班牙军队的白色恐怖之中，他们正在进行灭绝人性的大屠杀，无论是对军人，还是对平民统统都不放过。在这种情况下，想要找到加西亚将军，无疑更加困难，但我必须即刻上路了！

我们继续一路奔波。高大的山脉和丛林遮住了我们的视线。这里的地形看似简单，实际上道路就像无数丝网交织的迷宫，实际上也就只有这些当地的古巴人才能在这迷宫一般的丛林中找到道路。

穿越丛林之后，我们终于来到一片空旷的平地，那儿居然还长着几棵椰子树，我们赶忙从椰子树上打下椰子，将里面的汁液吮吸得一干二净！很快我们就恢复了体力。

但我们不能在这里长时间逗留,在天黑之前,还得走完好几英里的路程。

爬过几个陡坡,我们到了一个更加隐蔽的空地,再往前走就进入热带雨林了。在这,从波蒂洛至圣地亚哥的"皇家公路"正好穿过这片森林。当我们靠近路边时,惊奇的一幕出现了:同行的人突然间就闪身躲进了丛林里,眨眼的工夫,便只剩下我和格瓦西奥两个人了。我刚要问格瓦西奥究竟怎么回事,却看到他将手指放到嘴边,示意我别出声,并让我赶紧拿起武器准备好战斗。接着,他也身形一闪,躲进丛林里去了。我也反应过来,一个纵身钻进丛林。

没一会儿,一阵马蹄声传来,其间夹杂着西班牙骑兵的军刀碰撞声和偶尔发出的命令声……

真是有惊无险,如果不是同伴们的警觉,那个时候我们的小队伍正好走上公路,无疑就会与敌人正面遭遇了。

"我们分散开是为了麻痹敌人,就算和敌人交火,他们也无法估测我们的实力,甚至会以为中了我们的埋伏。"格瓦西奥神情略显惋惜地对我说:"刚才真想戏弄一下这些骑兵,给他们一点教训,但你的任务才是第一位的,这些西班牙骑兵权当走运吧!"

后来我们在林子里烤起了红薯。我突然想起了许多古巴的英雄。我在想,他们能够在那么艰苦的条件下连连取胜，因为在他们心中有争取民族独立自由的强烈斗志。我们的先辈也曾经和他们一样，为了美利坚民族的自由战斗过。想到自己肩负的使命就是给他们的将军送信，能够帮助这些爱国志士赢得胜利去作出自己的贡献，对于一个军人而言，这是一件多么值得骄傲的事情！每个军人，都应该从奉献中去赢得光荣。

就在这一天的行程结束时，我注意到我们中间多了一些穿着奇怪的人。

"他们是谁？"我问格瓦西奥。

"一些西班牙军队的逃兵，"格瓦西奥说道，"据说，这些士兵是不堪忍受饥饿以及军官的虐待，才从曼彻列罗逃出来的。"

面对这群逃兵，我无法相信他们，谁能保证他们下一刻不会再跑回去，向西班牙军队报告说一个美国人正穿行古巴，向着加西亚将军的营地前进呢？想到这些，我赶忙对格瓦西奥说："看好他们，未经允许，谁也不能擅自离开。"

"好的，先生！"格瓦西奥答道。

为了确保行动不受到任何干扰，我不能不思虑周全。而后来的事实证明我的担心是有道理的——确实有人想逃回去报信！事实上，这些逃兵应该不知道我的任务，但其中有两个是西班牙间谍，在他们眼里，一个美国人无端出现在古巴岛,这无疑引起了他们的怀疑——而且就是这两个人差点杀了我!

午夜时分,这两个西班牙间谍决定行动了。猛然一声枪响把我从睡梦中惊醒。我睁开眼时,看见床前正站着一个人影,我下意识地躲闪开,并顺手一刀下去,那人身上被划开一条长长的血口,鲜血从里面涌了出来。这个人临死前供认不讳,他跟同伙已计划好,如果同伙没能逃出营地,就由他来暗杀我——无论我执行什么任务。不过,很明显他的同伴刚才已经被哨兵开枪打死了。

惊魂未定,但我已经来不及考虑其他的事情了,紧迫的形式要求我不能再有丝毫耽搁了。可是,现实情况却糟糕透顶。直到第二天傍晚时分,我们才搞到足够数量的马匹和马鞍。当他们到处寻找马鞍时,我几乎失去了耐心,我甚至要求格瓦西奥不然就徒步行军吧。但格瓦西奥则冷静地对我说:"加西亚将军正在攻打巴亚摩,我们要走很远的路程才能到他那里!"

总算一切工作准备停当,我们骑马疾行四天。路途上,崎岖的山路扑朔迷离,还好向导对此了如指掌。我们先是离开了一个分水岭,再贴着东边的斜坡往下走去。之后又沿着一条河流行进。当晚,我们决定在亚拉宿营。据说在古巴历史上,亚拉可是鼎鼎大名,正是在这里,古巴人民发出了对自由第一声响亮的呼唤,并由此拉开了1868

把信送给加西亚
A Message To Garcia

年至1878年"古巴十年战争"的伟大序幕!

次日清晨,我们便开始了向莫埃斯特山北坡进发。我们的行进路线都是陡峭的悬崖,山脊经过长年的风化已经变得又粉又脆,走起来得小心翼翼。如果在这里碰到西班牙人的伏兵,那么我们就必死无疑。

上帝保佑,没有发生任何意外。只是道路极为崎岖难行,这让我们吃尽了苦头,我骑在马上,不得不狠命地勒住缰绳,抽打战马,以致战马被折磨得呼呼直喘粗气,嘶鸣不止。原来我曾经见过很多虐待动物的野蛮场景,但是我现在又不得不这样做,为了完成任务,为了成千上万古巴人的"自由",作出怎样的牺牲,都在所不惜。

令人欣慰的是,最艰难的路程总算结束了,我们一行人到达了亚巴罗森林的边缘,在森林边缘的一座小茅草房旁边停了下来。小茅草房周围是一片玉米地,屋檐下挂着刚切下来的新鲜牛肉。很明显,为了接待即将到来的美国特使,厨师们正在忙碌着,准备着丰盛的晚餐,既有鲜牛肉,也有木薯面包。我们来到这里的消息很快传遍了整个村子,面对热情的人们,我委实激动不已!一路走来所受的种种艰辛也消去大半。

将军的风采

丰盛的晚餐还未结束,忽然门外传来一阵马蹄声和说话声。原来是瑞奥斯将军派卡斯特罗上校来迎接我们！只见卡斯特罗上校身材魁梧、身手敏捷、动作娴熟，在他后面也是一群衣装整洁、训练有素的军人。

他转告我们，瑞奥斯将军和其他要员在第二天早上就会到达这里。接着，卡斯特罗上校拿出一顶古巴特有的巴拿马帽，将它作为礼物送给了我。干练的上校的到来，使我确信自己又有了一位经验丰富的好向导了。

第二天早上，有"海岸将军"之称的瑞奥斯将军早早便赶到了。他是一名印第安人和西班牙人的混血儿，他皮肤黝黑，体型壮实，步履矫健。而他在战场上的足智多谋，神出鬼没，曾经多次击退西班牙人的进攻。西班牙人恨透了他，但却对他无计可施。

这一次，瑞奥斯将军派了200名的骑兵部队护送我。这些骑兵不仅训练有素，骑术还相当高超。在这支骑兵小分队的护送下，前进的速度明显加快，而且路上几乎没有受到任何骚扰。

4月30日晚上，我们到达奥伯伊，这里距离巴亚莫城还有20英里的路程。我们一行人刚安置好吊床，格瓦西奥出现了，只见他容光焕发，面带喜悦地对我说："罗文先生，这对你来说，无疑是个绝好的消息，此时加西亚将军就在巴亚摩城。西班牙的军队已经撤退到考托河一带，妄图凭借后援做顽固抵抗。"

把信送给加西亚
A Message To Garcia

得知加西亚将军就在前方 20 英里的地方,我的内心更加迫不及待了,我想即刻见到加西亚将军!我请求骑兵小分队星夜赶路,当晚我就要见到加西亚将军。但大家商议后认为实在没有必要如此着急。

1898 年 5 月 1 日,这确实是个不同寻常的日子。也就是在这一天,美国海军上将杜威将军正率领着强大的海军舰队挺近马尼拉湾,向西班牙舰船发起了进攻。就在我把信送达加西亚将军手中时,美国的大炮已击沉了西班牙两艘军舰,直逼西班牙殖民者的老巢菲律宾首都马尼拉。

就在美国海军取得辉煌成绩的同时,我们一行人继续踏上征程——奔驰在古巴辽阔的国土上,这里到处都是因战火而废弃的田地和满目的废墟,这些都见证着西班牙军队的罪恶。

我们骑马走了大约 100 英里,想象着即将要见到加西亚将军,任务就要完成了!我的心情也变得愉悦了很多,就连我的马儿仿佛也在分享着我的这份快乐。

走着走着,人渐渐多了起来,在通往巴亚摩城的"皇家公路"上成群结队地走着许多衣衫破旧却仍然兴高采烈的人群。战争就要结束,他们终于可以回到自己的城市,难怪会如此开心。

穿过巴亚摩城,我们决定继续行进。中途我们在河岸边休息了一会,让马匹饮水,补充补充体力,以便把接下来的路程一口气走完。

10多分钟之后,我们便来到了加西亚将军的驻地!

我成功了!这充满着苦难、失败甚至死亡的艰辛漫长行程终于结束了。

古巴当地报纸对这次事件做了如下报道:"罗文中尉孤身一人,在向导的带领下来到古巴,在古巴军队中引起了极大的轰动,也极大地鼓舞了古巴军队的士气!"

当我来到古巴指挥官营地,看见古巴的国旗迎风高高地飘扬着。在这样的地方,在这样的情形下,我身为美国政府的特使来到这里,心里无疑变得兴奋难抑。

我们一行人下马排成一行,整齐站好。格瓦西奥和加西亚将军很熟悉,所以他先去见了将军。不一会功夫,格瓦西奥和加西亚将军一同走了出来,将军热情地欢迎了我,并邀请我和助手们进营帐叙谈。

将军向我解释说:"我出来有些晚了,因为我们正在查看格瓦西奥给我带来的从牙买加联络处开的关于阁下的身份证明文件。"有意思的是,联络处在这封信中称我为"密使",翻译却将这个词译成"自信的人"。

早饭之后,我们开始谈论我这次古巴之行的使命。我向加西亚将军解释说,我的任务有二:一是把麦金利总统的信,也就是那封重要的外交信函,交给他本人;二是了解古巴东部的相关形势的最新情报。诸如,必须掌握西班

把信送给加西亚
A Message To Garcia

牙军队的人数和分布、指挥官尤其是高级指挥官是谁、军队的士气以及整个国家和地区的地形和路况，总之，是任何可以提供给美方的相关军事情报。还有，要确定美国军队和古巴军队究竟是联合作战还是分开战斗，如果联合作战将军有什么好的建议，等等。

讨论一直持续到下午三点左右。最后将军决定调遣3名军官：指挥官克拉索将军、赫尔南德斯上校以及维塔医生，陪同我一起返回美国。他告诉我，这3名军官都是古巴人，个个训练有素、久经考验，应该可以回答我们提出的所有问题。如此这样，情报交换的问题就很容易解决了。看我很满意，加西亚将军进一步提出要求，他的部队现在急需武器，尤其是足够摧毁掉西班牙军队碉堡的大炮，另外弹药和枪械也需要大量的补充，希望美国政府能够优先考虑提供这些方面的物资供应。

另外，他们还会派遣两名水手与我们同行，他们对古巴北部海岸了如指掌，倘若美国到时为古巴提供军事装备，在往回运送物资的过程中，他们肯定能发挥巨大作用。

"还有什么问题吗？"加西亚将军关切地问道。

"没有了，将军！"虽然我是多么希望有机会在古巴的土地好好游历调查一番，但是我要尽快完成身上的使命，为我们的国家，也为古巴人民赢得宝贵的时间。

行程已定,在随后的两个小时里,加西亚将军和他的支持者们热情地款待了我,为我饯行。宴会结束时,将军把我送到门口,我仔细一看,却发现队列里竟然一个我原来的向导也没有。将军解释说,格瓦西奥是想着和我一起返回的,但因为南部海岸的战场上还需要他,而我却是要从北方返回美国。我只得拜托将军转达我对格瓦西奥以及那些随同者的感激之情。然后,我与加西亚将军以拉丁式的拥抱作了最后的告别,之后上马,和那3名陪同的军官离开了将军的驻地。

我终于把信送给了加西亚将军!

不辱使命

在给加西亚将军送信的过程中,真可谓危机重重,而返回的行程也同样凶险。

来的时候,我几乎横穿了这个美丽的国家,一路上得到那么多好心的古巴人为我引路,不顾自身安危地保护我,否则我肯定很难到达目的地。

而且,在返程的时候,美国和西班牙已经正式开战。西班牙士兵四处巡逻,每一个海岸和海湾,甚至每一条船都不放过,他们随时都可能把我当作间谍抓起来,而我这个美国人一旦被发现就必死无疑。

归途中,同伴们和我一样如履薄冰。我们小心翼翼地穿过古巴，一路向北靠近西班牙人占领的考托，这是一个港口，好几艘西班牙的小炮艇停泊在那里，从里面伸出的大炮对准着河口。

难道真的要在敌人的眼皮底下登船么？这颇让我们有些顾虑。但事已至此，我们绝无半点退身的余地了。由于这次我们搭乘的小船体积只有104立方英尺，根本无法承载6人以上，所以维塔医生就返回巴亚摩去了，只剩下我们五个人与敌人周旋，寻找上船的机会。

终于熬到了晚上11点左右，西班牙人的巡逻船明显稀少了很多，我们才悄悄上了船。河面上雾气氤氲，天空上乌云密布，这样的条件非常适合我们隐藏前行。到了船上，五人各就各位，一个人掌舵，四个人奋力划桨——渐渐地，敌人的碉堡总算被我们甩在了黑暗之中。

在波涛汹涌的大海之上，我们的小船就像鸡蛋壳一样被抛来抛去，幸好同行的几人都是经验丰富的水手，才化险为夷。

就这样，大家一起划啊划啊，极度的疲劳和单调的航行弄得大家都昏昏欲睡。突然，一个巨浪打了过来，小船又一次差点被打翻，船里一下进了好多海水。这下大家都不敢掉以轻心了，一面忙着一下接一下往外舀水，一面继续划船前行。

也不知道过了多久，阳光穿过晨雾，漫长的黑夜结

1 part
一本改变世界的书

束了。

突然舵手喊了一声:"大家快看!前方有一艘大船"顿时,全船的人一下陷入了紧张。

"没错,见鬼了,两艘、三艘……十二艘。天哪……"舵手的声音似乎都有些颤抖。会不会是西班牙战舰?要真是这样,我们可就完蛋了。

上帝保佑,那不是西班牙舰队,原来是桑普顿将军的战舰正向东去波多黎各攻打敌人。危险解除,我们都长长地松了一口气。

我们一行人依旧前行,那天的天气湿热难耐,痛苦的折磨着小船上的五个人。难熬的白天总算过去,当夜幕再次降临时,我们几乎精疲力竭。但是,我们仍然不敢掉以轻心,虽然我们的舰队已经开过,但谁又敢说西班牙人会不会绕过来并追上我们呢?因此我们坐在小船上,提高警惕,随着小船继续颠簸前行。

直到阳光再次升起,也就是5月7日,我们的小船来到了巴哈马群岛安德罗斯岛南端的科里礁岛。危险解除,我们这才放心上岸休息。稍事休息,又在那里清理小船上的物品。接着,第二天下午我们在向西航行到新普罗维登斯岛东端时,检疫官把我们一行五人全部扣下,因为他怀疑我们得了古巴的黄热病,并被投放在一个名叫豪格岛的地方。第二天我给美国领事捎去口信,在他的安排下,我

37

们最终获得了保释,不然我们可能会在那里呆很长时间。

就这样,我们又回到海上航行了一整天时间,终于在5月13日到达了奇维斯特。当晚我们便乘火车连夜赶往了塔姆帕,在那里换乘火车前往华盛顿。

这一段路程太平无事,到达华盛顿后我立即向作战处秘书罗素·阿尔贝作了汇报。他认真听完我的汇报之后,让我带着加西亚将军派来的人直接向米尔斯将军报告。米尔斯将军接到我的报告后,马上给作战处写去了一封信函,信上写道:

"在这里,我愿推举美利坚合众国第十九步兵团一等中尉安德鲁·罗文为骑兵团上校副官。罗文中尉孤身一人圆满完成了'把信送给加西亚'的重大任务,与古巴革命军领袖加西亚将军取得了联系,并为我国政府及时带回了极为重要的情报资料。罗文中尉在执行艰巨任务的过程中所表现出来的勇敢和自动自发的精神堪称战争史上最伟大的壮举,他的英勇行为更是应该在全军中大力弘扬!"

一天之后,我随米尔斯将军一起参加了当天的一次内阁会议。会议结束之后,麦金利总统刻意向我表示祝贺和感谢,他对我把他的意图准确传达给了加西亚将军表示感谢,同时还对我在这次任务中的表现予以了高度评价。

对于总统和他人的赞誉之辞,我深表感谢,但我始终认为自己不过是完成了一项任务,成功地履行了一个军人原本就应该履行的职责罢了。

是的,对于军人而言,惟一需要做的,那就是:服从——服从——再服从!不要追究为什么,也不要犹豫不决,时刻保持坚忍不拔的意志和信念去执行命令即可。

我,就是这样把信送给加西亚将军手中的!

把信送给加西亚
A Message To Garcia

加西亚将军的回信

个人简介

卡利斯托·加西亚·伊尼斯托格将军（1839—1898年），古巴著名革命家。年轻时，加西亚投身反对西班牙殖民统治的斗争，发动起义失败后被捕，直到1878年才获得释放。继续领导古巴的独立解放事业，并美西战争中发挥重大作用。1898年，加西亚与威廉·麦金利总统在华盛顿会晤，讨论古巴局势。同年在华盛顿逝世。

尊敬的麦金利总统：

（出于保守军事机密的需要，以上内容我们予以省略。——原出版者注）

下面让我谈论一些有关于安德鲁·罗文中尉的一些个人观点。

当我听到一位年轻的美国陆军中尉即将在我们古巴向导的引领下来到我的营地时，我正在为将西班牙军队赶入

1 part
一本改变世界的书

考托而欣喜，正可谓双喜临门。罗文中尉的到来让我震惊，这位年轻军官的勇气尤其让人钦佩。他克服一路的艰难险阻，给我带来了总统阁下的书信，完成这项崇高的使命。我无法想象，在他所经过的地方，到处都有西班牙人的身影——军舰、骑兵、巡逻兵、间谍等，所有这些对罗文中尉而言都是安全上的致命威胁。但，最终我们勇敢的罗文中尉战胜了所有的一切困难，他甚至横穿了整个古巴。

当这个年轻的中尉站在我面前的时候，我深深相信了总统的眼光，因为在罗文中尉身上所表现出来的勇敢、冷静和忠诚让我同样也认为假如能够有人完成这项任务，那他绝对是不二的人选，我为总统阁下有这样忠诚的勇士而向您表示祝贺。

无疑，这个年轻的陆军中尉的表现让人惊喜，他正直、忠诚、机智和敢于牺牲，堪称国家的栋梁。而他身上所有的一切珍贵品质都是我们最为需要的。我相信总统阁下也同样认为：无论是现在的战争时期，还是未来的和平年代，社会都需要罗文中尉这样的人。因为有他们义无反顾地投身于神圣的事业中，社会文明才得以进步。

毋庸置疑，罗文中尉的到来在古巴军队中引起了巨大的轰动，他的事迹对于那些存在于我们军队中的一些懒散现象无疑是一种无形的鞭策。现在古巴的革命事业正处在一个转折点上，因此我们更需要罗文中尉的这种崇高精

把信送给加西亚
A Message To Garcia

神：接受命令，立即行动。而我们的事业更需要这种精神：自动自发与忠诚——我再次强调罗文中尉的这种优秀品质。

总统阁下，在书信结尾让我再一次对您说，罗文中尉是一个非常杰出的年轻人，即使我们不考虑他对与美国与古巴之间的军事与政治合作所做出的巨大贡献，我仍然要感谢您，因为是您将这个年轻人派到我面前，让我有机会见识到一个真正的勇士。我对古巴军队甚至古巴人民提出号召：深入开展学习罗文中尉这种精神的活动，他的精神，他身上所表现出来的这些优良特质都值得我们努力学习，无论现在还是以后。

1898 年 5 月

1 part
一本改变世界的书

美国总统的公开信

个人简介

威廉·麦金利总统（1843－1901），美国第25任总统。1843年1月29日生于俄宾俄州，18岁从军，以少校军衔退伍，先后当过律师、县检察官、众议员和州长。1896年被提名为共和党总统候选人，并赢得大选。执政后他采取各种措施振兴经济，并取得显著成效，获得"繁荣总统"的美名。

对外，发动美西战争，摧毁西班牙的海上势力。《把信送给加西亚》一书的故事背景便发生在此时。

1900年，麦金利总统连任。在同年9月6日出席布法罗泛美博览会时，被一名无政府主义者射伤。8天后，他在布法罗去逝，享年58岁。麦金利总统是美国立国后被刺身亡的第三位总统。

女士们、先生们：

今天，我首先要介绍给大家的是一位年轻的美国军人,他就是安德鲁·罗文中尉,并且在这个美丽的夜晚,我还要对他提出嘉奖以表彰他的勇敢。

罗文中尉临危受命,前途险阻,甚至明知会危及自己的生命,但他依然接受命令,将一封关乎国家命运的书信送到居无定所的加西亚将军手中。而且在归来时,不但带回了加西亚将军的回信,甚至还收集了非常丰富的情报资源。这些无疑在这次战争中起到了相当关键的作用。这几乎堪称是现代军事史上最具冒险性的一次大穿越,罗文中尉以其一人之力为了国家利益而不惜牺牲个人一切乃至生命,他的这种勇敢精神值得世人称道,他的行为值得我们每一个公民特别是年轻人学习。

对于这样一位杰出的军人,相信人见人爱。但是,我喜欢罗文中尉,不仅是因为他有过硬的军事素养,更重要的是他的敬业和忠诚的个人品质。作为一名军人,他忠于职守,勇于执行,用自己的实际行动为我们的国家出色地完成了任务,并载誉归来。实事求是的讲,罗文中尉是一个非常合格的信使!对于这样的赞誉之词,他受之无愧。

无可否认,现在在我们的周围存在有很多这样的人,他们对自己所从事的职业抱怨不断,总是感觉没有受到公正的待遇,于是在工作中他们从来不会全力以赴,更不会自动自发。不管是军队、政府还是企业,都会有这样人存在的身影。对于这些先生女士们,我想提醒他们的是：你们应该多多向罗文中尉学习一下。

最后，我希望各位女士们、先生们，不，不，这其中当然也包括我自己，我们大家都要学习罗文中尉的这种优良品质，在工作中充分发挥自己的聪明才智，以坚韧的精神和无畏的勇气克服工作和生活中遇到的种种困难，以忠诚和自动自发的精神去完成我们的任务，那么我们也会成为一名合格的信使！

女士们、先生们，无疑罗文中尉是全美国人民的骄傲！

你们呢？我相信有一天你们也会成为美国的骄傲的！

对此，我坚信不移！

把信送给加西亚
A Message To Garcia

威廉·亚德里：上帝为你做了什么

100多年以前，一个名叫哈伯德的人写了一篇关于一个美国士兵送信的故事。就是这篇看上去无关紧要的文章后来竟然成了印刷史上销量最高的出版物之一。这篇文章就是《把信送给加西亚》。这篇文章在世界上引起如此大的轰动，玄机何在？

时光回放：那是1899年的一个傍晚，工作了一整天的哈伯德和家人围坐在火炉旁边喝茶聊天。在谈论的过程中，他们聊起了有关美西战争的故事。就在每一个人都为古巴起义军首领加西亚将军的英勇和智谋而喝彩时，哈伯德的儿子伯特却表达了自己与众不同的看法。"在我看来，"伯特肯定地说，"战役中真正的英雄不是加西亚将军，而是给他送信的罗文中尉。"儿子的话引起了哈伯德深深的思考。

当晚，哈伯德就写下了《把信送给加西亚》这篇文章，第二天这篇文章就被发表在杂志上。起初哈伯德并没有注意这篇文章，但后来要求重印杂志的呼声越来越高，3万份、5万份、10万份……这大大超过了哈伯德的意料之外。最后，哈伯德不得不给予那些需要大量份数的人印刷发行的版权，因为他的印刷能力承受不了。

随着时间的推进，哈伯德也逐渐搞清楚了人们为什么会对故事中那个名叫安德鲁·萨莫斯·罗文的无名之辈如此感兴趣的原因所在，那就是：世界上每个人都在寻找像罗文这样忠诚敬业、高度负责、勇于执行的人。

故事发生在古巴。在19世纪末，古巴岛上的西班牙士兵残酷压迫和奴役着那里的人民，古巴人民也正在为摆脱西班牙统治者、争取民主独立而斗争。出于地缘政治及巨大的经济利益的考量，美国对于古巴人民的独立事业相当关注。

1897年，在哈瓦那大街上发生了古巴民族主义者与西班牙士兵之间的暴力冲突，引发社会动乱，美国在古巴的大量投资有可能血本无归。因此，麦金利总统在古巴境内派遣了主力舰——作为美国政府的显著标志，意在保护在古巴的利益不受损失。但出于国际形势的考虑，这艘战舰一直停靠在哈瓦那港湾，一直没有参加反对西班牙的战役。

然而，西班牙人似乎对于这种示威得以存在很反感，他们竟然在1898年2月15日的一个夜晚炸沉了这艘主力舰，而且出事地点离美国海岸甚至不足100英里，这次挑衅性的行动彻底激怒了美国。麦金利总统向西班牙下了最后

把信送给加西亚
A Message To Garcia

通牒：要其撤军古巴。西班牙对此置若罔闻。时年4月，美国与西班牙开战，这就是历史上所称的美西战争。

宣战以前，麦金利总统会见了美国军事情报局局长阿瑟·瓦格纳上校，问道："到哪里可以找到一个把信送给加西亚的人？"因为与古巴起义军领导人加西亚取得联系并建立合作是美国对西班牙作战的关键步骤之一。但问题在于这个生于古巴的克里奥尔人加西亚将军是西班牙军队缉捕的对象，他行踪飘忽不定，没有人知道他在什么地方。

阿瑟·瓦格纳上校毫不犹豫地对总统说："我认识一个年轻的陆军中尉，安德鲁·萨莫斯·罗文。如果真的有人能够完成此任务，那么非他莫属。"

一小时后，给加西亚的信摆在罗文面前。罗文接过信件，什么都没有说，便踏上了寻找加西亚的旅途。

历经千难万险，罗文最终把信送给了加西亚并且带回了答复。而在出发前，罗文什么都没有问，他只是接受了命令而且做了他应该做的。

试想，在我们周围存在有罗文这样的人吗？有不对上司提出疑问就能把工作任务顺利完成的人吗？

也许世界上确实存在有这样的人，只不过少之又少而已。也正是因为少，他们才会尤其显得优秀，他们不仅仅会做别人要求他们做的，而且会超越其他人的想像，追求完美。

1 part
一本改变世界的书

以下文字摘录于哈伯德文章的原文,让我们再来回顾一下吧!

我要强调的重点是,当麦金利总统把一封写给加西亚的信交到罗文手上时,罗文并没有问:"加西亚将军在哪里?"

像罗文这样的人,我们应该在每所大学里为他塑造不朽的雕像,让青年人学习他这种全心全意、尽职尽责地去行动——"把信送给加西亚"。

……这样的经典句子不胜枚举。

但在现实生活中,在我们的周围却大量存在着这样一群人,他们做事懒懒散散、漠不关心、马马虎虎,并且这已经成为他们工作的常态;除非上司耳提面命、苦口婆心,甚至威逼利诱,否则他们绝不会积极主动地去把事情完成。

不信的话我们来做个试验:假定你此刻正坐在办公室里,身边有6名待命的职员。你对其中的一名职员说:"请把本月的商品库存单统计一份给我。"

那个职员会静静地说:"好的。"但是,他会立即去做吗?

事实上,他绝不会立即去做,他会满脸狐疑地看着你,然后接二连三地提出一些问题:本月的库存单一直都是月底才给你的啊?这事情不是一直由××负责的吗?为什么不让××来做呢？这件事情急不急啊？你要这个统计表做什么用途呢？……

一个多世纪过去了，人们的思维方式并没有多少改变，难道不是这样吗？回忆一下，在我们的周围，每当有人接受任务的时候是否总是会问一堆问题呢？试想，这样的人是那个能把信送给加西亚的人吗？

不可否认，这世间上能把信送给加西亚的人是很稀少的。社会上更多的人都是满足于平庸的现状，不思进取，过着平庸的生活。其实，成功不会对每一个人关闭大门，关键在于你做如何的选择。你可以选择"做一天和尚撞一天钟"的生活，也可以选择一个完美的生活。

在《圣经·马太福音》中记述了这样的一个故事：耶稣和他的信徒们经过长途跋涉后，又饥又渴。耶稣走到一棵茂密的无花果树下，却发现树上连一颗果实也没有。失望之余，耶稣诅咒了它。第二天，当他们路过这棵树的时候，一名信徒发现昨天还郁郁葱葱的无花果树已经枯死了。

对于这个故事，我最初的理解是，那棵树不结果实是因为没到季节。但是这样的理解又加深了我另一方面的疑虑："万能的主啊，如果因为没有结果就诅咒致死，对那棵树的惩罚是否太过严厉了呢？要知道，在那个时间段所有的无花果树都是不结果实的。"

但是，在万能的上帝眼中，他当然是不希望我们只做那些自然就会发生的事情，不要只做那些舒适与方便的事情。在上帝眼中，那种生活是最平庸无奇的。耶稣以诅咒一棵小树为例，告诉我们：如果这颗无花果树能在一年中的某些天结果，那为什么不能每天都结出果实呢？——既然你可以选择做一个优秀的人，为什么我们不可以超越平庸呢？

平庸的生活无疑让人厌倦，让我们再来回顾一下哈伯德的如下金句：

近来，在我们周围有很多人，他们对社会上那些"勤奋工作却又备受压迫的工人"、"无家可归却仍在寻求温饱的流浪汉"等社会弱势群体报以深深的同情，同时还将那些雇主骂得体无完肤。但是换位思考一下，你是否注意到了有些雇主终其一生都在努力，想让那些不求上进的懒虫做点正经的工作，而到头来雇主的所有努力都是白费力气……我是否把问题看得太严重了呢？但这些问题确实存在于那些所谓的弱势群体身上。

社会中，我们都羡慕那些成功人士，也由衷的钦佩那些能够把信交给加西亚的人。接受任务——全力以赴——完成任务。这种人永远不会被解雇、也永远不必为了要求加薪而罢工。这种人不论要求任何事物都会获得。

对于我们个人而言，反省一下："你是那个能够把信送给加西亚的人吗?"如果你坚信自己能够成功,那么我相信:你能行!

上帝,赐予我们罗文一样的人吧!

请坚信,成功是百分之一的灵感加百分之九十九的汗水。和那些消极的语言、情绪说再见吧,你惟一要做的就是立即做出决定,然后采取行动。如果你付诸于行动,你就能做到。

如果有人让我把信送给加西亚,我想我能做到。或许,听了我的回答,你会认为我太过自大了,但事实并非如此,这只是自信罢了。我只是坚信,如果你让我把信送给加西亚,我一定能够做到。同时,我也想让你把信送给加西亚,而且要做到最好!

把信送给加西亚,你准备好了吗?

1 part
一本改变世界的书

马克·戈尔曼：一本让人震撼的书

《把信送给加西亚》这本小册子的内容简单归纳起来不外乎是告诫员工应该努力工作，培养敬业精神。但一个多世纪以来，它却被人们应用在很多其他领域。时至今日，翻越它你仍会发现这是一本让人震撼的书！

假如有人把这本书简单地理解为是一首为英雄而唱的颂歌，那么我就必须告诉他，这首先是一本优秀的励志著作，它不仅值得我们每一个人认真地阅读，同时，书中所褒扬的那种知难而进、始终充满信心地去完成任务的精神，更应该成为每个人为人处世的准则。

长久以来，这本小册子被美国西点军校和海军学院选为培训学员主动性意识的培训课程。因此，该书所倡导的精神在一代又一代的学员中产生了深远影响。

同时，这本书也成为政府机构公务人员培养敬业精神的首选读本。甚至有的政府机关则干脆把书以海报的形式张贴在公示栏上，以使工作人员能够在休息时间也能时刻领会和感悟这种精神。

本书甚至还深深影响到了美国前总统布什家族。1998年布什参加总统竞选时，来自奥兰多的律师赖特向布什推荐了本书。赖特律师长期在美国前总统老布什的麾下效力，后来则在老布什总统的儿子小布什总统的门下任职。但当时的布什对于赖特推荐的小册子相当不以为然，他甚至掂着这本小册子说："我怎么可能会对这样的东西感兴趣呢？"但赖特还是坚持了他的看法："我看你还是抽空翻看一下吧，或许一杯咖啡的时间就足够了。看完之后，我相信你一定会改变看法的。"当赖特再次拜会布什的时候，布什果真看完了这本书，他的反应正如赖特律师事先所预料的那样，布什甚至激动地说："这本书太让人震撼了，它说明了一切！"

布什甚至还把这本小册子赠给自己的工作助手，并在上面留下亲笔签名。现如今，这个只有支票簿大小的小册子还被放置在那名工作人员曾经使用过的办公桌上。布什在他的签名上写下的是这样一句话："你是一个送信人！"对此，他加以简要的说明："我把此本书献给那些一直支持我们的人。我时时渴望能得到那些能把信带给加西亚的人，并欢迎他们加入我们的队伍。我相信，那些主动而又忠诚的人，能够改变世界！"

2 part
解读信使的品质
A Message To Garcia

把信送给加西亚
A Message To Garcia

敬业是一种美德

一个敬业的员工会将敬业意识内化为一种品质,实践于行动中,做事积极主动,勤奋认真,一丝不苟。如果在工作中能把敬业变成一种习惯,一种品质,你将会受益一生。

敬业,是人类共同推崇的一种职业精神。敬业就是尊重自己的工作,将工作当成自己的使命。敬业的具体表现是尽职尽责、忠于职守、认真负责、善始善终等。隐藏在这些表现背后的是一个人的使命感和责任感。而这种使命感和责任感正是当代社会迫切需要的。因此,敬业精神是最基本的为人之道,同时也是取得成功的重要条件。

敬业精神是一种优秀的职业品质,是职场人士的基本价值观和信条。

在经济社会中,每个人要想获得成功或得到他人的尊重,就必须对自己所从事的职业、对自己的工作保持敬仰之心,视职业、工作为天职。可以说,敬业精神是职业精神的首要内涵,是职业素养和职业道德的集中体现。

现代职场中升薪最快的往往是那些工作认真、踏实肯干的人。可以说那些踏实工作的人才是职场上真正聪明的人,因为他们知道,他们和企业其实是一荣俱荣、一损俱损的共同体。企业盈利效果好,他们才能拿到高薪。反之,企业不盈利,他们也无法得到高薪,甚至连最基本的工资都拿不到。更甚者,他们很可能因为平时工作表现差而首先成为被裁员的对象。而一旦被裁员,不要说高薪,就连能维持温饱的待遇对他们来说都是很难的了。

因此,职场上的聪明者努力工作不仅仅是为了企业,还是为了自己。而由于他们是借用公司的平台来实现自己的职场目标,所以,他们为自己而努力的前提就是他们要保证自己借用的公司平台能够良好的运转下去,因为一旦公司平台运转不良,他们就无法发挥自己的能力去实现自己的目标。这是一种良性循环,一个为自己的职业目标而努力工作的人,势必会给公司这个平台带来良好的效益,而公司的效益越好,公司的平台越大,个人实践能力的舞台也就越大。

美国石油大亨洛克菲勒总是对工作敬业如初,他的老搭档——克拉克曾这样评价他:"他的有条不紊和细心认真到了极点,如果有一分钱该归我们公司,他一定要拿回来，如果少给客户一分钱，他也要给客户送过去。"

洛克菲勒有一个特点，就是对数字极为敏感，他经常自己算账，以保证钱不从指缝中悄悄溜走。他曾给西部一个炼油厂的经理写过一封信，严厉质问："为什么你们提炼一加仑石油要花1分8厘3毫，而另一个炼油厂却只要1分9厘？"类似这样的问题还有："上个月你厂报告还有1119个塞子，本月初送给你厂10000个。本月你厂用了9537个，却报告现存为1012个，那么其他的570个塞子去了哪里？"像这样指责下属工作不够认真的事还有很多。他就是这样通过精确数字来分析公司的经营状况，查出其中的弊端并及时纠正，从而有效地控制和经营着他庞大的石油帝国。

洛克菲勒这种对工作严谨认真的作风值得我们学习。有条不紊和细心认真即为敬业，是成就大事者的必备素质。

任何一家公司，只要想在市场竞争中胜出，就必须设法使员工具备敬业精神。如果员工没有敬业精神，那么企业既不可能生产出合格的产品，也不可能为顾客提供高品质的服务。

国外的一项调查显示：如今学历资格已经不是公司招聘员工首先考虑的条件。大多数雇主认为，员工的敬业精

2 part
解读信使的品质

神是他们最优先考虑的，其次才是职业技能，接着是工作经验。毫无疑问，在现代社会，敬业精神已被视为企业遴选人才时的重要标准。

搜狐公司总裁张朝阳说："我们公司聘人的标准是敬业精神。敬业精神是个比较感性的概念，但是实行起来，就可以明显地感觉出来，因为是否把工作当作自己生活中一件重要的事情，是否为了干好工作与别人协作好、配合好，是很容易看出来的，我们需要的就是这样具备敬业精神的员工。"

曾经有人问爱迪生成功的秘诀是什么，爱迪生回答说："我为了解决一个问题，会持续不断地努力，投入全部的精力和体力而不感觉疲倦，这就是我成功的秘诀。"

由此，我们看到，这些优秀企业和杰出人士的成功秘诀就是敬业精神。即使你现在所处的工作环境非常艰苦，如果你能全身心的投入工作，那么最终你获得的不仅是经济上的宽裕，还会有职场生涯中更大的发展空间。

普鲁士著名的铁血宰相俾斯麦在驻俄外交部工作期间，工资曾十分微薄，但他却干得很出色并从中学到了许多外交技巧，后来他辉煌的政治业绩与这段时期的"实干精神"是分不开的。

现实中，不管在哪里，都会有许多才华横溢的失业者。当你和这些失业者交流时，你会发现，这些人总是对原有工作充满了抱怨、不满和仇视。不是怪环境条件不够好，就是怪老板有眼无珠，不识人才。总之，牢骚一大堆，埋怨满天飞。殊不知，问题的关键就是他们吹毛求疵的恶习使他们丢失了敬业精神这种宝贵的职业品质，从而使自己发展的道路越走越窄。他们与公司格格不入，矛盾重重，只好被迫离开。这些人不仅缺乏使命感，而且根本不懂什么是敬业精神。

一个企业管理者曾说："只有在工作中尽心尽力，才有可能前途畅达。你如果能在工作中找到乐趣，就能在工作中忘记辛劳，得到欢愉，就能找到通向成功之路的秘诀。"一旦你领悟了全力以赴地工作能消除工作的辛劳这一秘诀，你就掌握了获得成功的原理。即使你的职业是平庸的，如果你处处抱着勤奋努力的态度去工作，也能获得个人极大的成功。如果你想做一个成功的值得上司信任的员工，你就必须努力追求精确和完美。只有那些尽职尽责工作的人，才能被赋予更多的使命，才能更容易的走向成功。

假如你在工作中遇到了困难，或者觉得公司支付的工资实在太低，你就要不断地这样对自己说，我要为自己的今天和明天奋斗。把你的精力放在接受新的知识、培养新的能力、展现你的才华上面，这一切才是真正有价值的东西。在你未来的人生路上，这一切比你的资金积累要重要得多。要知道，工作带给你的无形资产是谁也无法把它们从你手中夺走的：这就是经验、信心、决心和技能，它们会给你最终的回报。

A 对 B 说："我要离开这个公司。我恨这个公司！"

B 建议道："我举双手赞成！不过你现在离开，公司的损失并不大。你应该趁着在公司的机会，拼命去为自己拉一些客户，成为公司独当一面的人物，然后带着这些客户突然离开公司，公司才会受到重大损失，那不是更解气吗？"

A 觉得 B 说的非常有理。于是努力工作，经过半年多的努力工作后，他培养了许多忠实的客户。

再见面时，B 问 A："现在是时机了，可以行动了哦！"

A 淡然笑道："老总跟我长谈过，准备升我做总经理助理，我现在没有离开的打算了。"

其实这也正是 B 的初衷。一个人的工作，只有付出大于得到，让老板真正看到你的能力，从而才会给你更多的展示机会。

因此，如果你认为你的工资过低，那么大多数时候是你做得还不够好，还不够到位。因为凡是想把自己的公司做大的老板，都不会在员工的待遇上进行压制与克扣。因此，当老板还不给你加工资的时候，很可能是你还做得不够好。

一个敬业的员工会将敬业意识内化为一种品质，实践于行动中，做事积极主动，勤奋认真，一丝不苟。这样他不仅能获得更多宝贵的经验和成就，还能从中体会到快乐，并能得到同事的钦佩和关注，受到老板的重用和提拔。懂得敬业，具有敬业精神是你在事业上迈出的第一步，在职场中搏杀的人士要不断思考这一问题并培养自己的敬业精神。毋庸置疑，敬业是置身职场的最高境界。强烈的敬业精神和责任心可激发你无穷的潜能，从而让你更加出众，并由此获得更多的成长机会和构建更高的成功平台。如果在工作中能把敬业变成一种习惯，一种品质，将会受益一生。

敬业精神更是现代社会所倡导的职业品质之一，也是所有企业和员工生存和发展所必需的潜在动力源泉。任何一个企业的发展都需要具有敬业精神的员工，同样，任何一个员工在企业中要想得到发展也离不开敬业精神。

作为职场人士，我们没有理由不去理解什么是敬业精神、怎样去敬业的问题。懂得敬业、能够敬业是一个人在职场中提升自己、拓展事业的前提，敬业精神所表现出来的积极主动、认真负责、一丝不苟的工作态度，是职场人士所应当而且必须具备的品质，它是获得最佳工作业绩的有力保障。

敬业精神是时代的呼唤，是社会竞争和发展的需要。敬业精神能够让每一位员工具有最佳的精神状态，并将他们的潜能发挥到极致。在工作中，每个人都要不以位卑而消沉，不以责小而松懈，不以薪薄而放任，而应时时敬业，事事敬业，让敬业精神永存心中。

把信送给加西亚
A Message To Garcia

要做就要做到最好

竭尽全力、追求完美的工作态度，能创造出最大的价值。一个人无论从事何种职业，都应该全心全意、尽职尽责，这不仅是工作的原则，也是生活的原则。

一位美国的著名作家曾这样说道："劳动可以促进人们思考。一个人不管从事哪种职业，他都应该尽心尽责，尽自己的最大努力求得不断进步。只有这样，追求完美的念头才会在我们的头脑中变得根深蒂固。"

英国著名哲学家罗素·H·康威尔也曾说过："不管做什么事情，都要全力以赴。成功的秘诀无他，不过是凡事都自我要求达到极致的表现而已。"

法国著名小说家巴尔扎克有时因为写一页小说，会花上一星期的时间，而一些现代的写作者，还在惊讶巴尔扎克的声誉是从何而来。许多人做了一些粗劣的工作，借口是时间不够，其实按照各人日常的生活，都有着充分的时间，都可以做出最好的工作。如果养成了做事务

2 part
解读信使的品质

求完美、善始善终的习惯，人的一辈子必会感到无穷的满足。而这一点正是成功者和失败者的分水岭。

事实上，一个人要把工作做好并不难，难的是做到自己能力所及的最好状态。生活中，你或许可以马虎一点，因为个人与个人的生活方式不一样，没有必要要求自己生活也处处精致，但是在工作中却截然不同，工作毕竟是工作，老板需要员工以认真负责的态度对待，需要你尽心尽力的在你的能力范围之内把工作做到最好。

泰国的东方饭店堪称亚洲饭店之最，几乎天天客满。不提前一个月预订是很难有入住机会的，而且客人大都来自西方发达国家。东方饭店的经营如此成功，是他们有特别的优势吗？不是。是他们有新鲜独到的招数吗？也不是。那么，他们究竟靠什么获得骄人的业绩呢？要找到答案，不妨先来看看一位姓王的老板入住东方饭店的经历。

王老板因生意经常去泰国，第一次下榻东方饭店就感觉很不错，第二次再入住时，楼层服务生恭敬地问道："王先生是要用早餐吗？"王老板很奇怪。反问："你怎么知道我姓王？"服务生说："我们饭店规定，晚上要背熟所有客人的姓名。"这令王老板大吃一惊，因为他住过世界各地无数高级酒店，但这种情况还是第一次碰到。

王老板走进餐厅，服务小姐微笑着问："王先生还要

把信送给加西亚
A Message To Garcia

老位子吗?"王老板的惊讶再次升级,心想尽管不是第一次在这里吃饭,但最近的一次也有一年多了,难道这里的服务小姐记忆力那么好?看到他惊讶的样子,服务小姐主动解释说:"我刚刚查过电脑记录,您在去年的6月8日在靠近第二个窗口的位子上用过早餐。"王老板听后兴奋地说:"老位子!老位子!"小姐接着问:"老菜单,一个三明治,一杯咖啡,一个鸡蛋?"王老板已不再惊讶了,"老菜单,就要老菜单!"上餐时餐厅赠送了王老板一碟小菜,由于这种小菜他是第一次看到,就问:"这是什么?"服务生后退两步说:"这是我们特有的某某小菜。"服务生为什么要先后退两步呢,他是怕自己说话时口水不小心落在客人的食品上,这种细致的服务不要说在一般的酒店,就是美国最好的饭店里王老板都没有见过。

后来,王老板有两年没有再到泰国去。在他生日的时候突然收到一封东方饭店发来的生日贺卡,并附了一封信。信上说东方饭店的全体员工十分想念他,希望能再次见到他。王老板当时激动得热泪盈眶,发誓再到泰国去,一定要住在"东方",并且要说服所有的朋友像他一样选择。

其实,东方饭店在经营上并没什么新招、高招、怪招,他们采取的仍然是惯用的传统办法,向顾客提供人性化的优质服务。只不过,在别人仅局限于达到规定的服务水准就停滞不前时,他们却进一步挖掘,全力以赴,追求完美,抓住许多别人未在意的不起眼的细节,坚持不懈地把最完美的服务延伸到方方面面,落实到点点滴滴,不遗余力地推向极致。由此,他们靠比别人更胜一筹的服务,轻而易举地赢得顾客的心,天天爆满也就不奇怪了。

这种竭尽全力、追求完美的工作态度,能创造出最大的价值。一个人无论从事何种职业,都应该全心全意、尽职尽责,这不仅是工作的原则,也是生活的原则。

现代企业必然要求我们在工作中间重视工作中的细节,做事到位。所有企业员工的一项基本素质就是态度要认真,要具有严谨的工作态度。而那些所谓的"差不多"、"无所谓"、"没什么大不了的"……这种工作态度无疑都会给工作造成不同程度的影响或损失。所以企业员工的一项基本素质就是态度认真,做事到位。而所谓的严谨,就是认真到近乎苛刻的程度。

毋庸置疑,你若想成为企业优秀的职员,并能被领导委以重任,就必须要耐心把很小的事情都做得非常细致而到位。事实上,员工之间收入的差异往往就在一些细小的事情上。假如你想成为一名卓越员工,那么你就应当把做好工作当成是义不容辞的责任,全身心的去对待你的工作,注重细节,把你的工作做到位。

真正有责任感的人是不会以个人得失为工作的出发点

的，他们总是热情的为同事提供力所能及的帮助，并且乐于接受上司分配给的新任务。在他们的心中根本就不存在有分内分外的界限，只要是对工作有益的事情，他们就会积极主动地去做。也正因为如此，他们也比那些坚持只对分内的工作负责的员工更容易获得高薪。

换言之，如果你有机会站在企业的第一线，你就要把工作中的小事做细。大凡世界上能做大事的人，也都能把小事做细、做好。做好每一件小事，逐渐积累，就会发生质变，小事也就会变成大事。任何一件小事，只要我们把它做规范了、做到位了、做透了，我们就会从中发现机会，找到规律，从而成就做大事的基本条件。

一位 MBA 毕业生到银行任职，人事部门把他安排到营业网点当柜员，做储蓄工作。一个月后，他找到行长说，他到银行来不是干这种简单的琐事的，他应该担当更重要的工作。

行长便把他安排到了国际信贷部，但很快信贷部的负责人和同事们对他的工作能力都非常不满。他自认为很能干，总是抱怨单位不好，领导不给他机会，同事嫉妒他。其实，大家都认为他是个大事干不了、小事不想干的讨厌家伙。

回想我们在入职之初都会被告诫：应该做好当前的基本

工作。但能意识到这一点并真正做得好的人，却寥若晨星。

在工作中，没有任何一件事情，小到可以被抛弃；没有任何一个细节，细到应该被忽略。同样是做小事，不同的人会有不同的体会和成就。不屑于做小事的人做起事来十分消极，不过只是在工作中混时间；而积极的人则会安心工作，把做小事作为锻炼自己、深入了解公司情况、加强公司业务知识、熟悉工作内容的机会，利用小事去多方面体味，增强自己的判断能力和思考能力。

沃纳·冯·布劳恩是美国宇航局空间开发项目的主设计师，同时也是"阿波罗4号"计划的总工程师。他在谈到该计划中用来运载宇宙飞船的萨杜恩5号火箭时说："萨杜恩5号火箭有560万个零部件，即使每个零部件的安全性能都高达99%，仍然会有5600个部件可能存在缺陷。但实际运行中，阿波罗4号在模拟飞行中只发生过两次异常，这足以证明萨杜恩5号火箭的安全性能高达99.999%。以我们日常生活中最常见的汽车为例，一辆汽车约由13000个零部件组成，如果它的每一个零部件都有这么高的安全性能，那么就意味着它要到100年后才可能会有一个部件第一次发生故障。"

那么缘何汽车没有萨杜恩5号火箭那样高的安全性能呢？原因在于美国宇航局遵循着比汽车制造业更高的

安全标准。固然，行业标准如此，但我们在工作中也更应该向美国宇航局学习。

上帝希望我们追求完美，希望我们设定一个比他人更高的标准。大事是由众多的小事积累而成的，忽略了小事就难成大事。从小事开始，逐渐锻炼意志，增长智慧，日后才能做大事，而眼高手低者，是永远做不成大事的。你面对小事时的心态，可以折射出你的综合素质，以及你区别于他人的特点。"以小见大"、"见微知著"，从做小事中得到认可，赢得人们的信任，你才能得到干大事的机会。

由此可见，那些在工作中看不到细节，或者不把工作当回事的人对待工作只能是敷衍了事。这种人是无法把工作当作一种乐趣的，他们永远只能做别人分配给他们的工作，即便这样也不能完全把工作做好。而那些优秀的员工，他们往往都是关注细节的有心人，他们不仅认真对待工作，将小事做细，而且注重在细节中寻找机会，从而使自己可以拿到更高的薪酬。

纵观那些在职场上纵横捭阖、游刃有余的职场高手们，他们大多都拥有这样的一个共性：那就是他们从来不会忽略细小的事情，他们和那些普通员工的最大区别就是他们能够把小事做细，工作到位，从而赢得企业的赏识，获得长足的发展机会。

2 part
解读信使的品质

自动自发去工作

发扬主动率先的精神，变"要我做"为"我要做"。无论面对的工作多么枯燥乏味，"我要做"的主动精神都会让你取得非凡的业绩。

成功是一种努力的积累，那些一夜成名的人，其实，在他们获得成功之前，已经默默地奋斗了很长时间。任何人，要想获取成功都要长时间的努力和奋斗。要想获得最大的成功，你必须永远保持主动率先的精神，哪怕你面对的是多么令你感到无趣的工作，这么做才能让你获取最高的成就。

消极被动的员工，总是把工作当成"要我做"的事情，而自动自发的员工则会把工作当成"我要做"的事情。所以，永远不要把"要我做"当做工作的前提。高绩效最喜爱"我要做"的那类人，并乐意为其效劳。

但"自动自发"不是某些人所理解的强出头、富有侵略性或无视他人的反应。自动自发的人反应更敏锐、更理智、更能切合实际并掌握问题的症结所在。因为只有抓住了问题的症结所在,并积极主动,才能取得好的业绩。

自动自发型员工的"积极主动",往往灌注于工作的点滴之中。也正因为如此,他们的工作能力才日强一日,工作业绩才得以不断提高。

但,在工作与生活当中,常常听到很多人这么说:"我不过是在为老板打工"、"凭什么要我做这做那,一个月才给我这么一点钱"、"差不多就行了,这不过是公司的事,又不是我自己的事情"……

说这些话的,大多数是年轻人,他们可能拥有丰富的知识、卓越的能力,却由于生活在不断的抱怨中而常常面临如何找到下一份工作的难题。

像这样的年轻人可以说到处都有,他们最大的误区就是始终抱着"我不过是在为老板打工"的错误的工作观念。他们认为,工作就是一种简单的雇佣关系,做多做少,做好做坏,和自己没有太大的利害关系。这样的错误观念使无数年轻人错失了人生中的宝贵的机会,甚至等到中年的时候仍在不断地埋怨自己所在的企业。

工作中,每个人都应该问问自己,你的工作目的是什么?你到底在为什么而工作呢?难道你觉得你工作就仅仅是为了让老板看,然后再从他那里换取每个月的工资吗?

其实,你不是在为老板打工,而是在为自己工作。因为工作不仅仅让你获得薪水,更重要的是,它还带给你经验、知识，通过工作，能够提升你自己，从而使你变得更有价值。

原微软中国区总裁唐骏，在进入微软的时候是从程序员做起的。在看到了微软windows中文版本发布时间比英文版滞后很长时间时，并没有像其他程序员那样只是向上级反映，而是带着解决方案找到了上级。于是，在三个月内，便由普通程序员升任为开发经理，在1997年，主动请缨回到中国筹建大中国区技术支持中心，3个月后，技术中心开始运转。6个月后，技术中心各项运营指标已位居微软全球五大技术支持中心之首，唐骏荣获比尔·盖茨总裁杰出奖。这是微软公司内部的最高荣誉。1999年7月，中国区中心正式被提升为亚洲技术中心，2001年10月，亚洲技术中心升级为微软全球技术中心。2002年3月，唐骏出任微软中国区总裁，年薪上千万元人民币。

像唐骏那样，把自己的想法说给老板，把自己的目标告诉老板，把自己的能力展示给老板。这样才不会埋没自己的才华，对得起自己的努力。积极主动的员工让老板欣慰，高效工作的员工让老板省心，二者兼备的员工在老板眼里一定是个出色的好员工！

由此可见，想要成为一名优秀的员工就一定要具备一种率先主动的工作意识。对于一家企业来说，积极主动的员工就是好员工。积极主动不仅仅是一种做人的态度,也是一种做事的方法,更是一个好习惯。同样的一个工作环境,同样的一份工作,积极主动的人总是能又快又好地把工作做完,从来都不用担心加薪和晋升。那些因为对待工作随便、怠慢而不能晋升的人,你完全有能力来改变你的处境,秘诀是——行动起来,养成做事积极主动的好习惯。

钢铁大王安德鲁·卡内基也曾说过:"有两种人不会成功:一种是非别人要他做,否则绝不主动做事的人;第二种人则是即使别人要他做,也做不好的人。那些不需要别人催促,就会主动去做事的人,而且不会半途而废的人必将成功。"

在工作中,比别人多做一点有时候也只是举手之劳。看到了需要做的工作,想到了需要解决的问题,就不能率先把事情做完,率先把问题解决么?人的心理说复杂也复杂,说简单也简单,无非就是总觉得自己凭什么要比别人多做一点,自己为什么就要主动思考问题。其实,每个人都知道,主动多做一点不会让人感觉到多大的不便,只是心理不平衡,认为自己不需要那么做。反过来呢,当别人因为比自己多做了一点受到嘉奖时,心理的不平衡又跳出来了,这个时候又会在想,那么简单的事情自己也会做,有什么了不起的,为什么老板认为他就比自己优秀。这样的人该怎样说才好呢，既然知道了主动多做一点也不会给自己造成不便，自己也有能力多做一点，为什么就不能率先主动呢？

小王在一家商店工作时，一直自我感觉良好。因为他总能很快做完老板布置的任务。一天，老板让小王把顾客的购物款记录下来，小王很快就做完了，然后便与别的同事闲聊。这时老板走了过来，扫视了一下周围，然后看了一眼小王。接下来老板一语不发地开始整理那批已经订了的货物，然后又把柜台和购物车清理干净。

这件事深深震动了小王，他瞬间发现自己一直以来是多么的愚蠢，他明白了一个人不仅要做好本职工作，还应该主动地再多做一些，哪怕老板没要求你这么做。小王观念的改变，使他更加努力地工作，他由此学到了更多的东西，工作能力突飞猛进，最终当上了公司的副总。

很多的事实告诉我们，在自己力所能及的范围内多做一点只会让自己受益无穷，如果带着一种不平衡，计较得失的心态去面对工作，计较比别人多做一点，计较自己拿的报酬少，如果这样，那么，只能一直平庸下去，一直抱怨下去。

有机会展现自己的能力是好事，既然有能力，就需要用事实来证明能力的存在。在职场上，很多事情只要能率先主动一点，体现的就是不一样的个人能力和品质。

　　自动自发去工作，这样一个小小的习惯就能体现一个人最珍贵的素质，在被动的驱使和主动去做这两者之间，如果选择主动，结果是大不一样的。主动工作不仅让你有了主动权，而且还是你快速提高工作绩效的方式之一。

2 part
解读信使的品质

拒绝平庸,选择卓越

尚可的工作表现人人都可以做得到,只有不满足于平庸,你才能实现卓越,你才能成为不可或缺的关键人物。没有人可以做到完美无缺,但是当你不断增强自己的力量、不断提升自己的时候,你对自己要求的标准会越来越高,这本身就是一种收获。

如果我们可以成为一个优秀的人,那么为什么要甘于平庸呢?

拒绝平庸,追求卓越。这是一句值得我们每个人一生追求的格言。如果我们每个人都能应用这一格言,实践这一格言,决心无论做任何事情,都要竭尽全力,以求得尽善尽美的结果,那么人类的文明不知又要前进多少。

事实上,纵观那些社会中的成功者和失败者,造成他们事业迥异的原因其实也很简单,那就是:成功者无论做什么,都力求达到最佳境地,丝毫不会放松;成功者无论做什么职业,都不会轻率疏忽。

把信送给加西亚
A Message To Garcia

18世纪的讽刺文学作家伏尔泰创作的悲剧《查伊尔》公演后,受到了观众很高的评价,许多行家也认为这是一部不可多得的成功之作。

但当时,伏尔泰本人对这一剧作却并不十分满意,他认为剧中对人物性格的刻画和故事情节的描写还有许多不足之处。因此,他拿起笔来一次又一次地反复修改,直到自己满意了才肯罢休。为此,伏尔泰还惹下了一段不大不小的风波。

经伏尔泰这样精心修改后,剧本确实一次比一次好,但是,演员们却非常厌烦,因为他每修改一次,演员们总要重新按修改本排练一次,这要让他们多花费许多精力和时间。

为此,出演该剧的主要演员杜孚林气得拒绝和伏尔泰见面,不愿意接受伏尔泰重新修改后的剧本。这可把伏尔泰难为坏了。他不得不亲自上门把稿子塞进杜孚林住所的信箱里。然而,杜孚林还是不愿看他的修改稿。

有一天,伏尔泰得到一个消息,杜孚林要举行盛大宴会招待友人。于是,他买了一个大馅饼和十二只山鹑,请人送到杜孚林的宴席上。

杜孚林高兴地收下了。在朋友们的热烈掌声中,他叫人把礼物端到餐桌上用刀切开,当在场的人把礼物切开时,所有的客人都大吃一惊,原来每一只山鹑的嘴里都塞满了纸。他们将纸展开一看,原来是伏尔泰修改的稿子。

杜孚林感到哭笑不得,后来他怒气冲冲地责备伏尔泰:"你为什么要这样做?"

伏尔泰答:"老兄,没有办法呀,不做到最好,我的饭碗就要砸了!"

伏尔泰之所以成为伏尔泰,最大的原因就是缘于他凡事追求出色的敬业精神,而并不是因为他有多聪明!职场中没有虚假的道具,你要做好你的工作,就必须踏踏实实地付出百分百的努力。

从世俗的角度来说,"追求出色"就是敬业,就是敬重自己的工作,将工作当成自己手中捧着的惟一饭碗。

你工作的质量往往会决定你生活的质量。在工作中你应该严格要求自己,能做到最好,就不能允许自己只做到次好;能完成100%,就不能只完成99%。不论你的工资是高还是低,你都应该保持这种良好的工作作风。每个人都应该把自己看成是一名杰出的艺术家,而不是一个平庸的工匠,应该永远带着热情和信心去工作。

要想做到事事出色,就要对自己提出更高的要求,那就是事事都要订一个比较高的目标。每天做完工作后,抽出十分钟对这一天的工作进行总结:我今天的工作,是不是比昨天进步了?我制定的目标是不是已经达到了?没有什么事情是一蹴而就的,想要事事出色,就得把目标分解开,并让它在每一天都能得到检验,看到效果,时间久了,就能达到这个标准。

李花大学毕业后在一家大型建筑公司任助理工程师,由于工作的关系,她时常要跑工地、看现场,还要为老板修改工程细节,工作异常辛苦,但她仍认认真真地去做,毫无怨言。

虽然她是设计部的惟一一名女性,但她从不逃避强体力的工作。爬楼梯、到野外现场她也像其他男同事一样勇往直前,她从不感到委屈,反而挺自豪。

有一次,老板安排她为客户做一个可行的设计方案,时间只有三天。接到任务后,李花看完现场,就开始工作了。三天时间里,她都在一种异常兴奋的状态下度过。她食不甘味,寝不安枕,满脑子都想着如何把这个方案弄好。她到处查资料,虚心向别人请教。三天后,她带着满眼的血丝把设计方案交给了老板,得到了老板的肯定。因为工作认真,现在李花已是公司里的红人了。老板不但提升了她,还使她的薪水翻了三倍。

现代企业,具备卓越的工作能力是所有员工的立足之本,更是所有高薪员工的必备素质。假如你在工作中甘为你的事业付出全身心的努力，抱着认真负责、一丝不苟的工作态度，做到善始善终，那么不管你身处何种岗位，你最终都会获得令你满意的收入。

查利·贝尔是世界快餐业巨头麦当劳前任首席执行官（CEO），是麦当劳的首位澳大利亚老板。当年年仅15岁的贝尔在父母的鼓励下走进了一家麦当劳分店，他当时的想法只是想打工挣点零用钱。他被录用了，但工作却是打扫厕所。虽然打扫厕所的工作又脏又累，但贝尔却干得非常起劲：他常常是刚刚扫完厕所，就清洁地板。就这样，贝尔的老板彼得·里奇心中暗暗喜欢上了这个勤快的年轻人。他刻意把贝尔引向正规的职业培训，后来又不断地把贝尔放在店内的各个工作岗位上。贝尔果然不负里奇的一片苦心，在每一个工作岗位上他都是干得非常出色。经过几年的锻炼，贝尔终于全面掌握了麦当劳的生产、服务和管理等一系列工作。在贝尔19岁的那年，他就被提升为澳大利亚最年轻的麦当劳店面经理，收入自然也比以前翻了好几倍。

在工作中拒绝平庸的工作态度，全力以赴，追求卓越，更容易使人实现自己的人生价值，并获得更高的收入。

把信送给加西亚
A Message To Garcia

永远都不要说别人对你的期望太高。如果有人能从你的工作中挑出毛病，那说明你的工作还不够完美。不要找任何借口，勇敢地承认这不是你最好的水平吧，千万不要强词夺理为自己辩解，更不要以对自己的要求不高作托辞。遇到这些人，我们的建议是"改变"，其实这不过是决心问题，只要你下定决心就能改变自己！

《圣经·马太福音》中叙述了这样的一个故事：有一位有钱人准备要出一趟远门，临走之前，他把仆人们叫到一起并委托他们替自己保管好财产。这位有钱人依据他们每一位仆人的能力，他给了第一个仆人5个塔伦特（注：古罗马货币单位），第二个仆人2个塔伦特，第三个仆人1个塔伦特。拿到5个塔伦特的仆人把它用于经商并且赚到了5个塔伦特。同样，拿到2个塔伦特的仆人也赚到了2个塔伦特。但是拿到1个塔伦特的仆人却把主人的钱埋到了土里。

过了很长一段时间，他们的主人回来与他们结算。拿到5个塔伦特的仆人带着另外5个塔伦特来了。他的主人说："做得好！你是一个对很多事情充满自信的人。我会让你掌管更多的事情。现在就去享受你的奖赏吧。"

同样，拿到2个塔伦特的仆人也受到了主人的称赞。

最后，拿到1个塔伦特的仆人来了，他说："主人，我知道你想成为一个强人，收获没有播种的土地，收割没有撒种的土地。我很害怕,于是把钱埋在了地下。看那里,那儿埋着你的钱。"主人听完生气地说:"懒惰的笨蛋,你既然知道我想收获没有播种的土地,收割没有撒种的土地,那么你就应该把钱存在银行家那里,以便让我回来时能拿到我的那份利息。而你却把钱埋起来,真是愚蠢至极。

这个仆人认为自己会得到主人的赞赏,因为他没丢失主人给的那一个塔伦特。在他看来,虽然没有使金钱增值,但也没有丢失,就算是完成主人交代的任务了。然而他的主人却并不这么认为。他不想让自己的仆人只做一些自然就会发生的事情,而是希望他们表现得更杰出一些。那两个让钱增值的仆人做到了,而第三个愚蠢的仆人却不想承担任何风险,只想着"是怎样就该怎样"。

在我们生活周围常遇到这种态度的人。你呢?甘心与周围的人一样平庸?你的思想和那个愚蠢的仆人一样吗?因此,不要满足于尚可的工作表现,要做最好的,你才能成为不可或缺的人物。人类永远不能做到完美无缺,但是在我们不断增强自身力量、不断提升自身水平的时候,我们对自己要求的标准会越来越高。这是人类精神的永恒本性。

对工作有一种非做不可的劲头,并在其中乐此不疲。

作为一个职员，如果你想迅速获得提升或加薪，就找一些同事们啃不动的工作，去完成它。做好了，你就很容易超越那些资历比你高的职员。如果你能将这种工作作风坚持下去，做起事来总是精益求精，总是能够带给别人惊喜，你的上司自然会注意到你，在适当的时候他自然会把你提拔到重要的位置上去。

总之，追求卓越的人在工作上不斤斤计较，他们总是尽自己更大的努力，去争取最好的结果，并最终实现从平庸到卓越的蜕变。

2 part
解读信使的品质

以坚定的自信对待自己

任何人,即使再平凡,只要你拥有坚定的自信,对自己所做的一切充满信心,你就一定能做出惊人的事业来。相反,那些缺乏足够自信的人,无论其拥有多么出众的才干、优良的天赋、高尚的性格,也很难成就伟大的事业。

著名遗传学家阿蒙兰·辛费特曾经说过这样一句话:"在这个世界上,过去、现在不会有和你完全一样的人,在那未知的将来也决不会存在另一个你。"

的确,你在这个世界上是独一无二的。事实上也是如此。命中注定在你出生之前,你就已经进行了一场捍卫生存权利的生死搏斗。对于你来说,代表人类20亿年生存斗争顶点的优良遗传基因结合的那一刹那,也就是当世最重要的那个人的生命孕育的开始,而从那一刻起,你就已经是冠军了。当你来到人世间,面对一切实际的目的,无论它有多么高远,你都能够到达,因为你是与生俱来的冠军!哪怕阻碍你的是何等的困难和不幸,但这与"结胎之战"时所克服的困难比起来,简直还不及后者的十分之一呢。假如你有这样一个认识和信念,那么你将是无往而不胜的。

纵观那些成就伟大事业的卓越人物,他们都有这样一个特点:这些卓越人物在成功之前,总是具有充分信任自己能力的坚强自信心,深信自己必能成功。这样,在做事时他们就能全力拼搏,破除一切艰难险阻,直到胜利。

实际上,一个人做自己想做的事,最害怕的是自己总找借口、缺乏必胜的信心。

2000年,全球汽车市场一片萧条,日产尼桑公司也因此陷入了困境。危急关头,公司高层空降了法国有"营救大师"之称的卡洛斯·戈恩来到日产,期待他妙手回春拯救日产。

在戈恩的就职演说中,他面对日产公司的所有股东和员工、媒体做出了一个惊人的公众承诺——"180"计划,"1-8-0"这三个数字分别代表了日产将实现的三个目标:截至2004年全球汽车销量增加100万台、运营利润达到8%、汽车事业净债务为0……

戈恩在演讲中坚定地告诉所有人:"我要实现这三个目标,如果没有任何一点做到,我就出局!"

没有"假如",只有必须,从一开始就下定决心,一定要实现结果,不实现就辞职,这就是戈恩执行的逻辑。

许多人,本来可以做大事、立大业,但实际上竟做着小事,过着平庸的生活,原因就在于他们没有远大的理想,没有坚定的自信。

所以,不要害怕别人怎么说你,你应该在众人面前大声地说:"我是最棒的!"每个人都是最好的,不管你是美或丑,因为你的长相并不是你所能选择的,那是父母给的,所以不要因为长相而感觉自己总是比别人差。当我们对自己失去信心的时候,我们要学会以坚定的自信对待自己,在心里对自己大声说:我是最棒的!

有这样一个知名的男模,他的外表可以说得上是帅气十足,但是他总对自己的容貌产生一些疑问。他甚至害怕别人向他投来注视的目光,他和别的女孩子约会时,常常感到自己很木讷、很紧张,这仅仅是因为他脸上有个小得难以觉察的疤痕。尽管他在舞台上接受过许多赞许的眼神,但是此刻他还是惶惶不安,他始终对自己脸上的疤耿耿于怀,总害怕别人因为这个原因给他不好的评论。

为此他找到了一位很知名的心理医生,他希望在那里可以得到一些解决的办法。当这个男模把他的苦恼诉说给心理医生时,医生对他说了一句话就再也没有开口了。医生对他说:"如果我是你,我一定对别人说'我是最棒的'。"男模回到家后，经过一夜的思考，终于想通了心理医生的话，此后，男模每天都很快乐，再也不会为自己的一些缺陷而感到伤感了。

想想，我们从小是否就自然认为自己才是最美丽和最重要的呢？但等到了十几岁，社会教育便在我们的思想中扎了根。人们都持自我否定态度，并随着岁月流逝而越来越甚。如果一个人自以为是美的，他真的就会变美；如果他心里总是嘀咕自己一定是一个丑八怪，他果真就会变成尖嘴猴腮。一个人如自惭形秽，那他就不会变成一个美人；同样，如果他不觉得自己聪明，那他就成不了聪明人。如果连你自己都不自信，那别人又怎么能相信你呢！

生活当中，我们见过一些身体或高或矮、或胖或瘦的人，也许他会是你的朋友、你的同事。但你注意到他们对自己的态度了吗？他们当中有些人的态度总是那么从容自得、充满自信，根本没想到把自己和社会上一般的标准做比较。他们不会因为自己的身体而减损自信。美与丑、好与坏的评价在于观赏者的眼睛，其他人怎么说并不重要，他人的嘴不是你所能控制的，只要我们能控制自己的心态就够了，只要你相信自己是最棒的，那么任凭风吹雨打都不怕。其实我们应该相信一句话："天生我材必有用"，没有谁天生是无用的，就看你如何对待自己。否定自己价值的人将会失败，即使不会失败，也是碌碌无为地度过一生。

美国哲学家爱默生说："人的一生正如他一天中所设想的那样，你怎样想象，怎样期待，就有怎样的人生。"在我们每个人心里都有一幅"心理蓝图"或一幅自画像，有人称它为"自我心像"。如果你的心像想的是做最好的你，那么你就会在你内心的"荧光屏"上看到一个踌躇满志、不断进取的自我。同时，还会经常听到"我做的很棒，我以后还会做的更棒"之类的信息，这样你注定会创造一个最棒的你。

美国赫赫有名的钢铁大王安德鲁·卡内基就是一个能充分发挥"自我心像"机能的楷模。他12岁时由苏格兰移居美国，最初在一家纺织厂当工人。当时，他的目标是决心"做全厂最出色的工人"。因为他经常这样想，也是这样做的，最后果真成为全厂最优秀的工人。后来他又当邮递员，他想的是怎样"做全世界最杰出的邮递员"。结果他的这一目标也实现了。终其一生，他总是在根据自己所处的环境和地位塑造最佳的自己，由此可见，所谓的"好运"不是与生俱来的，而是人们在生活历程中创造的。

所以说，在我们的一生中，究竟是什么决定人生成功的重要因素呢，是气质还是性格？是财富还是关系？是勇敢还是智慧？不，其实都不是。而最重要的就是你自己必须相信自己，自己必须看得起自己，这样才能走向成功的巅峰。

　　我们必须永远看得起自己！你要想生活得幸福，事业有成就，就必须最大限度地看得起自己，使自己处于最佳的状态。只有发掘和利用这种状态，我们才会走出忧郁和苦闷的泥坑，才能清除人生道路上的困难与阻力，最终成功实现自己的梦想。

2 part
解读信使的品质

宽容和理解你的老板

现在,很多公司包括民营企业,其实并不缺乏人才,而缺少的就是能够与公司及老板荣辱与共、同舟共济的人。有些人,公司有一点风吹草动,想的不是如何帮助公司渡过难关,而是一门心思在思考自己的退路,这样的人,也许能够找到一份工作,但是,永远也无法获得卓越的成功。

在当今社会,到处都充满了激烈的竞争,每个人希望实现自我的真正价值、获取更多的个人利益,这是理所当然的事情。然而,令人遗憾的是,我们身边有很多人还没有认识到:个人的发展、实现自我价值跟忠诚和敬业并不矛盾,相反,它们之间是可以相辅相成、不可或缺的。

事实上,每个老板都期望能够拥有那些能"把信送给加西亚"的人,惟有如此才能实现公司的成长。同样的道理,每个员工为了自己的利益都必须认识到自己和公司的利益是相同的,要想获取个人的利益就必须努力地为公司工作，惟有如此才能在工作中取得成绩，从而承担更重的工作任务，以致良性循环下去。

对于员工而言，要好好地执行老板的意图，你首先就要宽容你的老板。成功守则中最伟大的一条定律——宽容，也就是凡事为他人着想，站在他人的立场上思考。当你是一名雇员时，应该多考虑老板的难处，给老板多一些同情和理解；当自己成为一名老板时，则需要多考虑雇员的利益，多一些支持和鼓励。

这条黄金定律不仅仅是一种道德法则，它还是一种动力，推动整个工作环境的改善。当你试着宽容，多替老板着想时，你身上就会散发出一种善意，影响和感染包括老板在内的周围的人。这种善意最终会回馈到你自己身上，如果今天你从老板那里得到一份同情和理解，很可能就是以前你在与人相处时遵守这条黄金定律所产生的连锁反应。

这是一个多年前发生在美国的故事：

在洛杉矶，有一名叫杰克的年轻人，在一家有名的广告公司工作，他的总裁叫迈克·约翰逊，管理精明，为人亲和。杰克的工作就是帮公司签单拉客户。在谈判过程中，杰克的谈吐和能力令许多客户敬佩。

杰克刚进入公司，公司运转正常，杰克工作也得心应

2 part
解读信使的品质

手。这时，公司承担了一个大项目的策划——在城市的各条街道做广告。全体员工对此惊喜万分，都全身心地投入到了工作中。因为这将给公司和员工带来巨大的经济利益和发展前景。

约翰逊总裁在发工资那天召集全体员工开会："公司承担的这个项目很大，光准备工作就要耗资几百万元，公司资金暂时紧张。所以，该月工资就放到下个月一起发放，请你们谅解一下公司。工资早晚都是你们的，只要我们把项目搞好，大家一起来共享利润。"所有的员工都对总裁的话表示赞同。

可是，半年以后却风云突变。经过公司业务人员辛苦奔波，全套审批手续批下来的时候，由于估计不足，公司因资金缺乏，业务完全陷入停顿状态。别说给员工发工资，就连日常的费用也只有向银行伸出求援之手。因款项数目巨大，银行也不再伸出援手，公司前景暗淡。

就在这个困难时期，杰克说出了心里的想法：全体员工集资。总裁笑笑，无奈地拍拍他的肩膀："能集多少钱？公司不是几十万就能脱离困境的，集资几十万只是杯水车薪，连一个缺口都堵不住。"

当约翰逊总裁召集全体员工陈述公司的现状时，一下子人心涣散，人员所剩无几。没有拿到工资的员工将总裁的办公室围得水泄不通，见总裁实在无钱支付工资，他们各取所需，将公司的东西分得一无所有。对此，杰克不理解，但他仍然没有放弃。不到一个星期，公司只剩下屈指可数的几个人时，有人来高薪聘请杰克，他这样说道："公司前景好的时候，给了我许多，现在公司有困难，我得与公司共渡难关，我不会做那样的无道德之事。只要约翰逊总裁没有宣布公司倒闭，总裁留在这里，我始终不会离开公司，哪怕只剩下我一个人。"

不久，公司就真的只剩下他一个人陪约翰逊总裁了，总裁歉疚地问他为什么要留下来，杰克微笑地说了一句话："既然上了船，船遇到惊涛骇浪，就应该同舟共济。"

由于街道广告属于城市规划的重点项目，他们停顿下来以后，在政府的催促下，公司只有将这来之不易的项目转移给了另一家大公司。但是在签订合同的时候，约翰逊总裁提出了一个不可说"不"的条件：杰克必须在你的公司里出任项目开发部经理。约翰逊总裁握着杰克的手向那家公司总裁推荐："这是一个难得的人才，只要他上了你的船，就一定会和你风雨同舟。"

新公司的总裁握着他的手微笑着说："这个世界，能与公司共命运的人才非常难得。或许以后我的公司也会遇到种种困难，我希望有人能与我同舟共济。"

杰克在后来的几十年的时间里一直没有离开过这个公司，在他的努力下，公司得到了更为快速的发展，如今他已经成为了这家公司的重要领导。

其实,企业的命运就是你的命运,然而,在很多人的眼里总是认为自己是为企业在工作,至于企业如何发展,与他没有任何关系,心里想哪一天一旦企业走向衰落,他换个企业就可以了。可以说持这种观念的人实在可悲。他们从来没有认识到企业与自己的命运有着千丝万缕的关系,他们不知道企业的发展不仅有利于老板,也有利于自己。不难发现,那些从破产的企业里出来的求职者总是很难受到别人的欢迎,而一位从一家优秀的企业退休的职员却会成为各大企业争抢的人才。

所以,工作中不管遇到什么困难,要永不后退。一个听到企业遇到危机就辞职不干的人,是难以获得成功的。一个能够时刻与企业共命运的人才能获得最多,假如你与企业同生死,共命运,企业会给你最大的回报。即便企业不幸倒闭,你忠诚的品质也会为你赢得巨大的财富。

不要只为薪水工作

一个人如果总是为自己到底能拿多少工资而大伤脑筋的话，他又怎么能看到工资背后的成长机会呢？他又怎么能理会到从工作中获得的技能和经验对自己的未来将会产生多么大的影响呢？这样的人只会逐渐将自己困在装着工资的信封里，永远也不会懂得自己真正需要什么。

在很多人看来，工作的目的就是为了赚钱，养家糊口，谋求生存，这没有错。可是，各位想过没有，如果工作仅仅是为了赚钱，养家糊口，那么，世界首富比尔·盖茨为什么还要工作？华人首富李嘉诚为什么还要工作？并且他们都一直在很努力地工作。

像这样的例子还有很多，那些有着巨额"薪水"的人，他们到底在为什么而工作呢？

美国娱乐传媒巨子萨默·莱德斯通说："实际上，钱从来都不是我的动力。我的动力是对于我所做的事的热爱，我喜欢娱乐业，喜欢我的公司。我有一种愿望，要实现生活中最高的价值，尽可能地实现。"

是的，正是这种自我实现的热情，使他们热衷于他们所做的事业，而并非单纯地为了薪水和名利。

没错，工作有着比薪水远为丰富的内涵，工作是人生的一种需要。可以说，生命的价值寓于工作之中，工作是获得乐趣和享受成就感的需要，只有积极地、创造性地开展工作，我们才能取得成就感，才能体会到成就带给我们的快乐。

薪水是我们工作价值的一种反映，是对我们工作的一种回报。我们需要薪水，用以满足我们基本的物质生活和精神生活的需求。但如果你只为薪水而工作，那就意味着你把薪水看成是工作的目的，当成是工作的全部。只为薪水而工作，就像是活着只为吃饭一样，大大降低了工作的意义以及生命的意义。所以，如果你只为薪水而工作，那么不仅会让你在工作上失去很多，而且也会让你的生命失去很多。

一个有着主人翁精神的员工是不会只为薪水而工作的，因为如果那样的话，意味着你不愿意做自己本职工作以外的工作，不愿意多出一分力，不愿意为企业的整体利益去牺牲个人的利益，不愿意帮助其他企业成员。对于这样的成员，企业是不需要的。

不可否认，在现实中每个人都会选择薪水比较多的工作，而不选择一样适合自己，但薪水相对比较低的工作。

他们中的很多人是为了薪水而工作，而不是别的。如果出现公司中只有他一个人的薪水是最低的时候，他会毫不犹豫选择辞职。

在他们的眼中，薪水是自己身价的标志，绝不能低于别人。他们的"理想远大"，刚出校门就希望自己成为年薪几十万元的总经理；刚创业，就期待自己能像比尔·盖茨一样富甲一方。他们只知向老板索取高额薪酬，却不知自己能做些什么，更不懂得从小事做起，实实在在地前进。

如果你只为薪水而工作，你的生活将因此而陷入平庸之中，你找不到人生中真正的成就感。工作的目的虽然是为了获得报酬，但工作能给你带来的远比信封中的工资要多得多。

一些心理学家发现，金钱在积累到某种程度之后就不再诱人了。人生的追求不仅仅只是满足生存需要，应该还有更高层次的需要，更高层次的驱使。其中，自我实现的需要层次是最高的，动力也最强。

一个人做他适合且喜欢的工作，在工作中发挥最大的才华、能力和潜在素质，不断地自我创造和发展，他就能满足自我实现的需要。有自我实现需要的人，往往会把工作视为一种创造性的劳动，视为一种使命，竭尽全力地去做好它，使个人价值得到实现。在自我实现的过程中，他

2 part
解读信使的品质

将会体会到满足感,内心充实就如同植物发芽般迅速膨胀。

你难道从未感觉到满足感所带来的狂喜吗?你难道还没找到目标,没有获取成长的力量吗?要知道,对于人生的真正意义的追求,能够使我们热血沸腾,使我们的灵魂燃亮。这种追求并不仅仅局限于一般意义上的维持生计,而且它在更高层次上与我们身边的社会息息相关,并且能够满足我们精神上的最终需求。

只有在追求自我实现需要的时候,人们才会迸发出持久强烈的热情,才能最大限度地发挥自己的潜能,最大程度地服务于社会。这种热情不只是外在的表现,它发自内心,来自你对自己工作的真心喜欢。

作为一名企业成员,一定要了解企业的使命是什么,自己的使命是什么。这样,工作起来才有真正的动力。当我们为使命而非为金钱工作的时候,我们不仅能够获得更多的金钱,而且还能获得更大的成就感。

松下电器公司的发展就是一个很好的例子。在创业之初,全体员工发誓要为达成公司的使命而团结奋斗,在工作中,他们以公司的使命为己任,为达成使命凝聚在一起,竭尽所能、全力以赴地工作。他们的这种敬业精神,一直持续到现在,直到永恒。

正是由于松下电器的每一个员工都具有工作的使命感和敬业精神,松下电器才能够发展得如此迅速,才能成为日本乃至全世界著名的企业。

的确,为薪水而工作与为使命而工作,其效果是截然不同的。

只为薪水而工作让很多人缺乏更高的目标和更强劲的动力,也让职场上出现了几种不正常的现象:

(1)应付工作。他们认为公司付给自己的薪水太微薄,他们有权以敷衍塞责来报复。他们工作时缺乏激情,以应付的态度对待一切,能偷懒就偷懒,能逃避就逃避,以此来表示对老板的抱怨。他们工作仅仅是为了对得起这份工资,而从来没想过这会与自己的前途有何联系,老板会有什么想法。

(2)到处兼职。为了补偿心理的不满足,他们到处兼职,一人身兼二职、三职,甚至数职,多种角度不停地转换,长期处于疲劳状态,工作不出色,能力也无法提高,最终谋生的路子越走越窄。

(3)时刻准备跳槽。他们抱有这样的想法:现在的工作只是跳板,时刻准备着跳到薪水更好的单位。但事实上,很大一部分人不但没有越跳越高,反而因为频繁地换工作,公司因怕泄露机密等原因,不敢对他们委以重任。由于他

2 part
解读信使的品质

们过于热衷"跳槽",对工作三心二意,很容易失去上司的信任。

很多人上班总要迟到或者早退,或者开小差,或者在办公室和人闲聊,甚至借出差之名去旅游……或许这些人并没有因此而被解雇或者扣工资,但这些已足以证明他们声名狼藉,日后很难获得晋升。如果他们想跳槽,其他公司也不会对他们感兴趣。

所以,一个人若只是专为薪金而工作,把工作当成解决面包问题的一种手段,而缺乏更高远的目光,最终受欺骗的可能就是你自己。在斤斤计较薪水的同时,失去了宝贵的经验,难得的训练,能力的提高。这一切较之金钱更有价值。

而且相信谁都清楚,在公司提升员工的标准中,员工的能力及其所做出的努力,占很大的比例。没有一个老板不愿意得到一个能干的员工。只要你是一位努力尽职的员工,总会有提升的一日。

所以,你永远不要惊异某个薪水微薄的同事,忽然提升到重要位置。若说其中有奇妙,那就是他们在开始工作的时候——得到的与你相同,甚至比你还少的微薄薪水的时候,付出了比你多一倍,甚至几倍的切实的努力,正所谓"不计报酬,报酬更多"。

假如你想成功,对于自己的工作,最起码应该这样想：投入职业界，我是为了生活，更是为了自己的未来而工作。薪金的多与少永远不是我工作的终极目标，对我来说，那只是一个极微小的问题。我所看重的是，我可以因工作获得大量知识和经验，以及踏进成功者行列的各种机会，这才是有极大价值的酬报。

一个有着敬业精神的员工是不会只为薪水而工作的，因为如果那样的话，意味着你不愿意做自己本职工作以外的工作，不愿意多出一份力，对于这样的员工，企业是不需要的。

在这个世界上，绝大部分人都在为薪水而工作。如果你能做到不为薪水工作，那么你便是卓越者，你也就迈出了成功的第一步。

2 part
解读信使的品质

以老板的心态对待公司

多为公司着想,把公司的事当成自己的事,你的努力是不会白费的。你为公司着想,为公司带来利益,同时也就等于为自己带来了利益,增加了自己在公司里的价值。记住,处处为公司着想的员工,老板也会为你着想。

钢铁大王卡内基曾经说过:"无论你在什么地方工作,都不应该只当作公司的一名员工——而应该把自己当成公司的老板。"你应该用老板的标准去开展工作。当你看到公司的市场正一点点地被对手侵蚀,你是漠不关心,还是像老板那样去积极寻找对策?当你看到你的同事在工作中碰到挫折、心情抑郁时,你是采取事不关己高高挂起的态度,还是像老板一样主动地去给他鼓励?

作为一名员工,首先要有一个"公司属于自己"的心态。要把公司看成是自己的一样,不管老板在不在,不管主管在不在,不管公司遇到什么样的挫折,都要全力以赴,积极主动去做任何事情。

把信送给加西亚
A Message To Garcia

老板与员工的最大区别就是：老板把公司的事情当作自己的事情，员工则喜欢把公司的事情当作老板的事情。在这两种不同心态的驱使下，他们工作的方式不可同日而语。老板，不用说，任何关于公司利益的事情他都会去做。但是有些员工在公司里却往往只做那些分配给他们的事情，对于其他事情，他们往往用"那不是我的工作"、"我不负责这方面的事情"来推脱。他们往往只是在上班的8小时在为公司工作，下班之后就好像与公司没有任何关系。有这种思想的员工，他们在脑海里把公司和自己分得很开，他们没有把自己看成公司里的一个重要组成部分，这样的员工一定融入不了公司，也永远成不了优秀员工。

日本著名企业家井植熏曾经说过这样的话："对于一般的职员，我仅要求他们工作8小时。也就是说，只要在上班时间内考虑工作就可以了。对于他们来说，下班之后跨出公司大门，他们爱干什么就干什么。但是，我又说，如果你只满足于这样的生活，思想上没有想干16个小时或更多的念头，那么你这一辈子可能永远只能是一个一般的职员。否则，你就应当自觉地再上班以外的时间多想想工作，多想想公司。"

让我们来看下面这个故事。

2 part
解读信使的品质

唐克和吉姆在码头的一个仓库给人家缝补篷布。唐克很能干，做的活儿也精细，他看到丢弃的线头碎布也会随手拾起来，留做备用，好像这个公司是他自己开的一样。

一天夜里，暴风雨骤起，唐克从床上爬起来，拿起手电筒就冲到大雨中。吉姆劝不住他，骂他是个笨蛋。

在露天仓库里，唐克查看了一个又一个货堆，加固被掀起的篷布。这时候老板正好开车过来，只见唐克已经被淋得透湿。

当老板看到货物完好无损时，当场表示给他加薪。唐克说："不用了，我只是看看我缝补的篷布结不结实，而且，我就住在仓库旁，顺便看看货物只不过是举手之劳。"

老板见他如此诚实，如此替自己的企业着想，就让他到自己的另一个公司当经理。

公司刚开张，需要招聘几个文化程度较高的大学毕业生当业务员。这时，吉姆跑来，说："给我弄个好差事干干。"唐克深知吉姆的个性，就说："你不行。"吉姆说："随便干个活也不行吗？"唐克说："也不行，因为你不会把活当成自己家的事干。"吉姆说："你真傻，这又不是你自己的公司。"临走时，吉姆说唐克没良心，不料唐克却说："只有把公司当成是自己开的公司，替公司着想，才能把事情干好，才算有良心。"

几年后，唐克成了一家公司的总裁，吉姆却还在码头上替人缝补篷布。这就是为公司着想和不为公司着想两种心态做事的区别。

所有的老板都一样，他们都不会青睐那些只是每天8小时在公司得过且过的员工，他们渴望的是那些能够真正把公司的事情当作自己的事情来做的员工，因为这样的员工任何时候都敢作敢当，而且能够为公司积极地出谋划策。

一个年轻的女孩在一家外资企业担任普通的办公室文员工作，她每天要拆阅、分类大量的公司信件，工作内容有些单调，而且工资水平也不高。但是这个女孩却并没有为此而放弃努力，她不但把本职工作做得无可挑剔，而且每天下班后都要继续回到办公室工作，不记薪酬地干那些并非自己职责范围内的事情。她一直坚持这样做事，并不在意上司有没有注意自己的努力。终于有一天，上司的秘书因故辞职了，在挑选合适继任者的时候，上司很自然地想起了这个女孩，因为她在没有得到这个职位之前就一直在做这份工作了。她的薪水也因此而增加了几倍，但是老板并不感觉自己付出的薪金太高，因为这个女孩总是让别人感到她那么重要，她总能站在老板的立场上思考许多问题，而且随着时间的推移，她变得越来越重要，把自己变

2 part
解读信使的品质

成了一个不可替代的角色,她在工作中创造的价值绝对值得老板给予她这样的待遇。

如果你能够像上司一样思考问题,你就一定会在公司中茁壮成长,你完全可以使自己变得像上司一样重要。当你发现自己获得了进步的时候,你已经为公司创造了更大的价值,公司在你和其他员工的共同努力下开始变得越来越强大。你的进步有目共睹,你在公司中的地位和作用已经变得越来越重要,这就使得公司的成长越来越需要你的付出,而且公司会为你的成长提供更加广阔的空间。

在现实中,企业最看重的就是把公司的事情当成自己事情的人,这样的职员任何时候都能够自动自发地替自己的公司着想,能够与企业同甘共苦。

但是,现实的情况是,在中国目前的公司里,大部分员工只是将工作当成养家糊口、不得不从事的差事,谈不上什么荣誉感和使命感。甚至有的人干脆认为,我出力,老板出钱,等价交换,谁也不欠谁的。于是在工作中,他们没有一丝工作的热情,而是像老牛拉磨一样,懒懒散散,不求有功,但求无过。这种想法无疑是错误的。如果你想成为一名优秀的员工,要想在公司有所发展的话,那就把公司的事情当作自己的事业来做吧!

把信送给加西亚
A Message To Garcia

每一件小事都值得做好

在工作中,没有任何一件事情,小到可以被抛弃;没有任何一个细节,细到应该被忽略。每一件事都值得我们去做,值得我们去研究,即使是最普通的事,我们也不应该敷衍应付或轻视懈怠。

作为普通的社会人,在大量的日子里,很显然只能做一些小事,但是他们总是希望能够去做一些惊天动地的大事情。他们不屑于做具体的事,不屑于认真对待小事和细节,总盲目地希望"天将降大任于斯人也"。孰不知能把自己所在岗位上的每一件事做成功,做到位就很不简单了。

事实上,每件事情都值得我们尽力去做。不要轻视自己所做的每一件事情,就算是最平凡的小事也应全力以赴。因为做好小事有利于你成就大事的把握。但生活中,常有一些人因为事小而不愿意去做,或抱有轻视的态度。

据说在开学第一天,苏格拉底对学生们说:"今天咱们只做一件事,每个人都尽量把胳膊往前甩,然后再往后甩。"说着,一边做了示范。"从今天开始,每天做300下,大家能做到吗?"学生们都笑了,这么简单的事情,谁做不到。可一年以后,苏格拉底再问时,全班只有一个学生坚持下来,这个人就是后来成为大哲学家的柏拉图。

"这么简单的事情,谁做不到?"这正是许多人的心态,但是看看吧,所有的成功者,他们与我们做着同样简单的小事,惟一的区别就是在他们认为小事不小。

因此,要想把工作做得尽善尽美,就要摒弃"小事"无关大局的思想。看不到细节,或者不把细节当回事的人,由于对工作缺乏认真的态度,对事情也只能是敷衍了事。这种人无法把工作当作一种乐趣,而只是当作一种不得不受的苦役,因而在工作中缺乏工作热情。他们只能永远做别人分配给他们做的工作,甚至即便这样也不能把事情做好。而考虑到细节、注重细节的人,不仅认真对待工作,将小事做细,而且注重在做事的细节中找到机会,从而使自己走上成功之路。台湾首富王永庆就是从细节中找到成功机会的人。

王永庆早年因家贫读不起书,只好去做买卖。1932年,16岁的王永庆从老家来到嘉义开一家米店。当时,小

把信送给加西亚
A Message To Garcia

小的嘉义已有米店近30家，竞争非常激烈。当时仅有200元资金的王永庆，只能在一条偏僻的巷子里承租一个很小的铺面。他的米店开办最晚，规模最小，更谈不上知名度了，可以说没有任何优势。在新开张的那段日子里，王永庆的生意冷冷清清，门可罗雀。

当时，一些老字号的米店分别占据了周围大的市场，而王永庆的米店因规模小、资金少，没法做大宗买卖；而专门搞零售呢？那些地点好的老字号米店在经营批发的同时，也兼做零售，没有人愿意到他这一地角偏僻的米店买货。王永庆曾背着米挨家挨户去推销，但效果并不理想。

怎样才能打开销路呢？王永庆感觉到要想米店在市场上立足，自己就必须有一些别人没做到或做不到的优势才行。而要想做到这一点，他就必须在细节上下功夫。仔细思考之后，王永庆很快从提高米的质量和服务上找到了突破口。

20世纪30年代的台湾，农村还处在手工作业状态，稻谷收割与加工的技术很落后，稻谷收割后都是铺放在马路上晒干，然后脱粒，砂子、小石子之类的杂物很容易掺杂在里面。用户在做米饭之前，都要经过一道淘米的程序，用起来很多不便，但买卖双方对此都习以为常，见怪不怪。

王永庆却从这一司空见惯的现象中找到了切入点。他

2 part
解读信使的品质

带领两个弟弟一齐动手，不辞辛苦，不怕麻烦，一点一点地将夹杂在米里的秕糠、砂石之类的杂物捡出来，然后再出售。这样，王永庆米店卖的米质量就要高一个档次，因而深受顾客好评，米店的生意也日渐红火起来。

在提高米质见到效果的同时，王永庆在服务上也更进一步。当时，用户都是自己前来买米，自己运送回家。这对于年轻人来说不算什么，但对于一些上了年纪的老年人，却是非常不便；而当时年轻人整天忙于生计，且工作时间很长，不方便前来买米，买米的任务只能由老年人来承担。王永庆注意到这一细节，于是超出常规，主动送货上门。这一方便顾客的服务措施，大受顾客欢迎。

当时还没有送货上门一说，增加这一服务项目等于是一项创举。

送货上门也有很多细节工作要做。即使是在今天，送货上门充其量是将货物送到客户家里并根据需要放到相应的位置，就算完事。那么，王永庆是怎样做的呢？

每次给新顾客送米，王永庆就细心记下这户人家米缸的容量，并且问明这家有多少人吃饭，有多少大人、多少小孩，每人饭量如何，据此估计该户人家下次买米的大概时间，记在本子上。到时候，不等顾客上门，他就主动将相应数量的米送到客户家里。

把信送给加西亚
A Message To Garcia

我们能从中得到的结论,每一个人如果能把每一件小事,每一个细节做到最好,那么他不仅仅能造就成功,而且这种成功能够经受住岁月的打磨。事实上,王永庆能够在后来成为台湾的经营之神,除了他的视野与睿智之外,还与他坚持对细节的关注分不开。可见,任何一个人的成就都是由一些简单的小事组成的,只有把每一件小事都做好,才是最可行的办法。

卢浮宫里珍藏着一副莫奈的画,画中描绘的是女修道院厨房里的场景。画面上三个天使正在辛勤劳作,一个放好水壶在烧水,另一个优雅地提着水桶,还有一个系着围裙,正伸手去取盘子。尽管这些都是再平凡不过的日常小事,但是天使们还是认为它们值得全神贯注去做。

行动本身并不代表什么,决定我们行动的性质的乃是我们行动时的精神状态。同样,工作是否枯燥无味,也取决于我们以什么样的精神状态去工作。

同样是做小事,不同的人会有不同的体会和成就。不屑于做小事的人做起事来十分消极,不过只是在工作中混时间;而积极的人则会安心工作,把做小事作为锻炼自己、深入了解公司情况、加强公司业务知识、熟悉工作内容的机会,利用小事去多方面体味,增强自己的判断能力和思考能力。

很多事看似很简单、很平庸，但有人就能在这些小事上做文章，能在小事中发现机会和规律，这是一种技能，也是一种发现晋升契机的智慧。

一次，查理为了赶时间去上班，刷牙时匆匆忙忙使得牙龈出血了，这使得他非常恼火。到了公司他和几个同事提及此事，并讨论如何解决牙刷容易伤及牙龈的问题。

他们想了很多解决问题的办法，比如刷牙前用热水把牙刷泡软、多用牙膏、把牙刷毛改为柔软的狸毛等等，但最终的效果都不是很理想。他们又经过进一步的仔细研究发现牙刷毛的顶端不是人们想象中的圆形的，而是四方形的，而这恰恰是造成牙龈出血的最终因素。查理想："要是把刷毛改成圆形的不就会有效地避免对牙龈造成的强烈刺激了吗？"于是他和同事们着手开始对牙刷毛进行改进。

经过试验取得成效后，查理便正式向公司提出了改变刷毛形状的建议，公司领导感觉这是一个非常不错的建议，欣然决定把全部牙刷毛顶端改成圆形。改进后的牙刷在广告媒体的配合下销量直线上升，最后占到了市场份额的40%以上，公司的销售业绩翻了几翻，查理也由此获得了丰厚的奖赏。

把信送给加西亚
A Message To Garcia

　　试想，牙刷不好用，这在我们看来都已经是司空见惯的小事了，没有谁会真正的把它当作一个问题来研究的。但查理却发现了这个问题，并对它进行细致的分析，从而使自己和所在的公司都取得了成功。通过这件事情，我们是否也能得到某种启迪呢？

　　其实，很多大事也是由一件件小事和琐事组成的，金字塔就是最好的例子，砌好一块石头是小事，但是每一块石头都砌好就是大事，因为惟有如此，古人才能铸造金字塔永久的辉煌。如果每一个人在工作中都抱着这样一种工作无小事的态度，那么所有的工作会变得非常顺利和完美。因为在绝大部分的工作中，只要一个环节出了问题就会使全局受到不同程度的影响甚至是失败。

　　2003年2月，美国哥伦比亚号航天飞机在结束了为期16天的太空任务之后，返回地球，但在着陆前发生意外，航天飞机解体坠毁，七名宇航员罹难。

　　美国国家宇航局航天飞机项目负责人朗·迪特摩尔说，航天飞机的表面覆盖有2万块隔热瓦和2300块隔热衬垫，由于安装隔热瓦的技术要求相当地精确的工艺，隔热瓦必须由工人手工一块一块安装上去。哥伦比亚在和地面失去联系之前的几秒钟向左翼倾斜，这种现象表明飞机坠毁可能与一块隔热瓦的脱落有关。

2 part
解读信使的品质

一块隔热瓦的安装出现了问题，就导致了如此大的科学探索事故，由此可见细节的重要性。事实上，我们身边很多事故的发生，往往就起源于对细节的不重视。

工作中无小事，即使是最普通的事，也应该付出你的热情和努力，多关注怎样把工作做得最好，全力以赴、尽职尽责地去完成，养成良好的职业素养。

毋庸置疑，大事是由众多的小事积累而成的，忽略了小事就难成大事。从小事开始，逐渐锻炼意志，增长智慧，日后才能做大事，而眼高手低者，是永远做不成大事的。你面对小事时的心态，可以折射出你的综合素质，以及你区别于他人的特点。"以小见大"、"见微知著"，从做小事中得到认可，赢得人们的信任，你才能得到干大事的机会。

把信送给加西亚
A Message To Garcia

拖延和抱怨是一种恶习

对每一个渴望有所成就的人来说，拖延是最具破坏性的，它是一种最危险的恶习，它使人丧失进取心。拖延并不能使问题消失也不能使解决问题变得容易起来，而只会使问题加深，给工作造成严重的危害。抱怨是无能者最好的发泄。那些整天只知拖延和抱怨的人，注定将一事无成。

拖延会侵蚀人的意志和心灵，消耗人的能量，阻碍人的潜能的发挥。处于拖延状态的人，常常陷于一种恶性循环之中，这种恶性循环就是："拖延——低效能＋情绪困扰——拖延"。

令人懊恼的是，我们每个人在工作中都或多或少、或这或那地拖延过。今天该做的事拖到明天完成，现在该打的电话等到一两个小时以后才打，这个月该完成的报表拖到下个月，这个季度该达到的进度要等到下一个季度。凡事都留待明天处理的态度就是拖延，这是一种明日待明日的工作习惯。

克莱门特·斯通曾说:"理智无法支配情绪,相反行动才能改变情绪。"因此,选定你最擅长、最乐意投入的事,然后全力付诸行动!

事实上,一旦开始遇事推拖,就很容易再次拖延,直到变成一种根深蒂固的习惯。解决拖延的惟一良方就是行动。当你开始着手做事——任何事,你就会惊讶地发现,自己的处境正迅速地改变。

拖延是对生命的挥霍。拖延在人们日常生活中司空见惯,如果你将一天时间记录下来,就会惊讶地发现,拖延正在不知不觉地消耗着我们的生命。

人们都有这样的经历,清晨闹钟将你从睡梦中惊醒,想着自己所订的计划,同时却感受着被窝里的温暖,一边不断地对自己说:该起床了,一边又不断地给自己寻找借口再等一会儿。于是,在忐忑不安之中,又躺了五分钟,甚至十分钟……

拖延是对惰性的纵容,一旦形成习惯,就会消磨人的意志,使你对自己越来越失去信心,怀疑自己的毅力,怀疑自己的目标,甚至会使自己的性格变得犹豫不决。

拖延的人往往还喜欢抱怨。也许你生活贫困、负担沉重,也许你没有亲朋好友,无依无靠地生活在异乡他国。于是,你不停地抱怨,感叹命运对自己的不公,抱怨自己的父母、自己的老板，抱怨上苍为何如此不公，让你遭受贫困，却赐予他人富足和安逸。

我们曾遇到过无数的失业者，发现他们都充满了抱怨。失业的痛苦困扰身心，使人觉得仿佛陷入了黑暗的深渊之中不能自拔，他们只有通过抱怨来平衡自己。然而，正是这种抱怨的行为恰好说明自己所遭遇的处境是咎由自取。

要知道，抱怨是没有用的，要想改变环境，取得成就，惟一之法只有努力和勤奋。人往往就是在克服困难的过程中，形成了高尚的品格。相反，那些常常抱怨的人，终其一生，也无法产生真正的勇气、坚毅的性格，自然也就无法取得任何成就。我们来假想一下，你是喜欢与那些抱怨不已的人为伍，还是愿意与那些乐于助人、充满善意、值得信赖的人一起共事呢？可想而知这个答案不言而喻。

无疑，喜欢抱怨的人在世上是没有立足之地的，烦恼忧愁更是心灵的杀手。缺少良好的心态，如同收紧了身上的锁链，将自己紧紧束缚在黑暗之中。

没有人会因为坏脾气和消极负面的心态而获得奖励和提升。仔细观察任何一个管理健全的机构，你会发现，最成功的人往往是那些积极进取、乐于助人，能适时给他人鼓励和赞美的人。身居高位之人，往往会鼓励他人像自己一样快乐和热情。但是，依然有些人无法体会这种用意，将诉苦和抱怨视为理所当然。

如果你不知道自己要什么，就别抱怨老板不给你机会。那些喜欢大声抱怨自己缺乏机会的人，往往是在为自己失败找借口。成功者不善于也不需要编造借口，因为他们能为自己的行为和目标负责，也能享受自己努力的成果。

人往往是在克服困难的过程中产生勇气，从而培养坚毅和高尚的品格。由此，那些常常抱怨的人，终其一生都不会有真正的成就。

无论是公司还是个人，没有在关键时刻及时做出决定或行动，而让事情拖延下去，这会给自身带来严重的伤害。那些经常说"唉，这件事情很烦人，还有其他的事等着做，先做其他的事情吧！"的人，总是奢望随着时间的流逝，难题会自动消失或有另外的人解决它，需知这不过是自欺欺人。不论他们用多少方法来逃避责任，该做的事，还是得做。而拖延则是一种相当累人的折磨，随着完成期限的迫近，工作的压力反而与日俱增，这会让人觉得更加疲惫不堪。

如果你希望通过拖延来瞒过公司，那你就犯了一个大错误。工作时虚度光阴会伤害你的雇主，但受伤害更深的则是你自己。一些人花费很多精力来拖延工作，却不肯花相同的精力去努力完成工作。他们以为自己骗得过上司，其实，他们愚弄的却是自己。上司或许并不了解每个员工的表现或熟知每一份工作的细节，但是一位优秀的管理者很清楚，拖延最终带来的结果是什么。可以肯定的是，升迁和奖励是不会落在惯于拖延工作的人身上的。

更严重的是，拖延会侵蚀人的意志和心灵，消耗人的能量，阻碍人的潜能的发挥。处于拖延状态的人，常常陷于一种恶性循环之中，为此，他们常常苦恼、自责、悔恨，但又无力自拔，结果一事无成。

工作就如同战斗，对那些做事拖延的人，如果你作为一个管理者，你会对这种人寄予厚望？

综上所述，消极心态是失败、颓废、抱怨的源泉。要想办法遏制这股暗流，不要让你的错误心态使你成为一个失败者。

安东尼·罗宾说得好，潜能发挥得成功与否，关键在于我们的心态。心态积极，就能进入生龙活虎的进取状态，从而就会使你心想事成。当然，如果你心态颓废、消极，则会终身见不到你内心深处的潜能大师，从而也就与成功无缘了。

2 part
解读信使的品质

每天多做一点点

真正的成功是一个过程,是将勤奋和努力融入每天的生活中的过程。有时,你不需要比别人多做许多,只需一点点,就可以从众人中脱颖而出。

在工作中,如果你希望得到发展和晋升,仅仅全心全意、尽职尽责地做好自己的本职工作是不够的,还应该比自己分内的工作多做一点,比别人期待的更多一点,这样才能吸引更多的注意,给自我的提升创造更多的机会。

一个成功的推销员曾用一句话总结他的经验:"你要想比别人优秀,就必须坚持每天比别人多访问5个客户。"真正的成功是一个过程,是将勤奋和努力融入每天的生活中的过程。

在商业界,在艺术界,在体育界,在所有的领域,那些最知名的、最出类拔萃者与其他人的区别在哪里呢?答案就是多勤奋、多努力那么一点儿。谁能使自己多加一盎司,谁就能得到千倍的回报。

这是著名投资专家约翰·坦普尔顿通过大量的观察研究，得出的一条很重要的真理："多一盎司定律"。他指出，取得突出成就的人与取得中等成就的人几乎做了同样多的工作，他们所做出的努力差别很小——只是"多一盎司"（一盎司只相当于1/16磅）。但是，就是这微不足道的一点点区别，却会让你的工作大不一样。

这好比两个人参加马拉松比赛，在奔跑两个小时以后，都已经完成了42公里的赛程，还有不到200米，就将到达终点。当时的情况是，两人都十分劳累、难受。前者选择了放弃，而后者则坚持了下来。相对于他跑过的漫长路程，余下这一段短短的距离所具有的价值和意义是不言而喻的，没有这几步，此前的努力将变得毫无意义；有了这几步，他就成了一个征服马拉松的胜利者。取得中等成就的人只是少跑了几步，不幸的是，那是最有价值的几步。

"多一盎司定律"可以运用到人类努力的每一个领域中。这一盎司把赢家跟一些入围者区别开来。在朝气蓬勃的高中足球队中，你会发现，那些多做了一点努力，多练习了一点的小伙子成为了球星，这些努力在赢得比赛中起到了关键性的作用。他们得到了球迷的支持和教练的青睐。而所有这些只是因为他们比队友多做了那么一点努力。

2 part
解读信使的品质

事实也是如此。有时，你不需要比别人多做许多，只需一点点，就可以从众人中脱颖而出。全心全意地工作，忠于职守其实还远远不够，你应该做得比自己的分内之事多一点，比别人的期待多一点，这样才能引起更多的注意，为自己创造更多的晋升机会。

当亨利·瑞蒙德在美国《论坛报》做责任编辑时，刚开始时他一星期只能挣到6美元，但他还是每天平均工作13至14个小时。往往是整个办公室的人都走了，只有他一个人在工作。"为了获得成功的机会，我必须比其他人更扎实地工作。"他在日记中这样写道，"当我的伙伴们在剧院时，我必须在房间里；当他们熟睡时，我必须在学习。"后来，经过每天比别人多做一点点的长期积累，他成为了美国《时代周刊》的总编。

每天多做一点点或许会占用你一些时间，但是这种行为会为你赢得更好的名声，也能加强别人对你的需要的好感。做完自己职责分内的事情，再努力做其他事情的初衷也许并非为了获得报酬，但往往会给你带来意想不到的收获。

巨大的成功和努力地工作总是成正比的，有一份耕耘才能有一份收获，成就人生和事业的基础只能是积极主动和努力工作。人世间所谓的奇迹无一例外全都源自日积月累的主动和努力。

虽然你没有义务要做自己职责范围以外的事，但是你也可以选择自愿去做，以驱策自己快速前进。积极主动是一种备受上司重视的素养，它能使人变得更加敏捷，更加高效。不管你是管理者，还是普通职员，积极主动的工作态度能使你在竞争中脱颖而出。你的上司和顾客会更关注你、信赖你，从而给你更多的机会。

社会在发展，公司在成长，个人的职责范围也随之扩大。不要总是以"这不是我分内的工作"为由来逃避责任。当额外的工作分配到你头上时，不妨视之为一种机遇。

提前上班，别以为没人注意到，老板可是睁大眼睛在瞧着呢！如果你能提早一点到公司，就说明你十分重视这份工作。每天提前一点到达，可以对一天的工作做个规划，当别人还在考虑当天该做什么时，你已经走在别人前面了！

如果不是你的工作，而你做了，这就是机会。有人曾经研究为什么当机会来临时我们无法确认，因为机会总是乔装成"问题"的样子。当顾客、同事或者老板交给你某个难题，也许正为你创造了一个珍贵的机会。对于一个优秀的员工而言，公司的组织结构如何，谁该为此问题负责，谁应该具体完成这一任务，都不是最重要的，在他心目中惟一的想法就是如何将问题解决。

下一次当顾客、同事和你的老板要求你提供帮助，做一些分外的事情，而不是让他人来处理时，积极地伸出援助之手吧！努力从另外一个角度来思考，譬如换一个角色，自己就是这件事的责任人，你将如何来更好地解决这些问题？

每天多做一点，初衷也许并非为了获得报酬，但往往获得的更多。

对珊莉一生影响深远的一次职务提升是由一件小事情引起的。一个星期六的下午，一位律师（其办公室与珊莉的同在一层楼）走进来问他，哪儿能找到一位速记员来帮忙——手头有些工作必须当天完成。

珊莉告诉他，公司所有速记员都去观看球赛了，如果晚来五分钟，自己也会走。但珊莉同时表示自己愿意留下来帮助他，因为"球赛随时都可以看，但是工作必须在当天完成。"

做完工作后，律师问珊莉应该付他多少钱。珊莉开玩笑地回答："哦，既然是你的工作，大约1000美元吧。如果是别人的工作，我是不会收取任何费用的。"律师笑了笑，向珊莉表示谢意。

把信送给加西亚
A Message To Garcia

  珊莉的回答不过是一个玩笑，并没有真正想得到1000美元。但出乎珊莉意料，那位律师竟然真的这样做了。六个月之后，在珊莉已将此事忘到了九霄云外时，律师却找到了珊莉，交给她1000美元，并且邀请珊莉到自己公司工作，薪水比现在高出1000多美元。

  一个周六的下午，珊莉放弃了自己喜欢的球赛，多做了一点事情，最初的动机不过是出于乐于助人的愿望，而不是金钱上的考虑。珊莉并没有责任放弃自己的休息日去帮助他人，但那是他的一种特权，一种有益的特权，它不仅为自己增加了1000美元的现金收入，而且为自己带来一项比以前更重要、收入更高的职务。

  付出多少，得到多少，这是一个众所周知的因果法则。也许你的投入无法立刻得到相应的回报，不要气馁，应该一如既往地多付出一点。如果你这样做了，你就相当于播下了成功的种子。

2 part
解读信使的品质

满怀感恩之情

"谁言寸草心,报得三春晖"、"谁知盘中餐,粒粒皆辛苦",这些诗句让我们知道:在很久以前,感恩就深入了人心。感恩是一种发自内心的生活态度。其实对生活感恩,就是善待自我,学会生活。

我们知道:"感恩"是个舶来词,牛津字典给"感恩"的定义是:"乐于把得到好处的感激呈现出来并且回馈他人。""感恩"是因为我们生活在这个世界上,这里的一切都对我们有恩情!

"感恩"最初来自基督教。其本意是要信徒感谢主为了拯救世人所做的牺牲而被钉在十字架上,感谢主的慈爱与宽容,感谢兄弟姐妹的支持与帮助等。所以,不难理解,感恩必然能够促使人们扩充心灵空间的"内存",让人们逐渐仁爱、宽容起来,并减少人与人之间的摩擦,化解人与人之间的矛盾,缩短人与人之间的距离,增强人与人之间的合作。

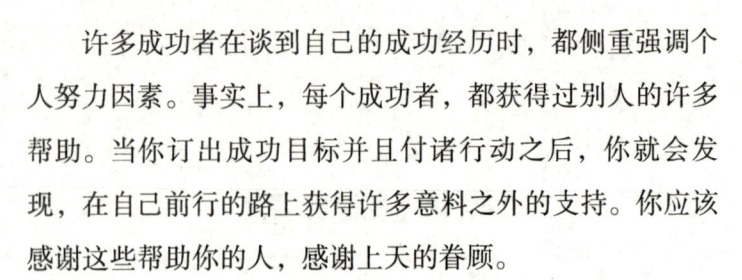

把信送给加西亚
A Message To Garcia

　　许多成功者在谈到自己的成功经历时，都侧重强调个人努力因素。事实上，每个成功者，都获得过别人的许多帮助。当你订出成功目标并且付诸行动之后，你就会发现，在自己前行的路上获得许多意料之外的支持。你应该感谢这些帮助你的人，感谢上天的眷顾。

　　作为员工，我们要感谢企业的恩惠，感谢父母的恩惠，感谢师友的恩惠，感谢国家的恩惠。感恩不但是美德，也是一个人之所以为人的基本条件。

　　在一个闹饥荒的城市，一个家庭殷实而且心地善良的面包师把城里最穷的几十个孩子聚集到一块儿，然后拿出一个盛有面包的篮子，对他们说："这个篮子里的面包你们一人一个。在上帝带来好光景以前，你们每天都可以来拿一个面包。"

　　瞬间，这些饥饿的孩子一窝蜂似的涌了上来，他们围着篮子推来挤去大声叫嚷着，谁都想拿到最大的面包。当他们每人都拿到了面包后，竟然没有一个人向这位好心的面包师说声谢谢就走了。

　　但是有一个叫依娃的小女孩却例外，她既没有同大家一起吵闹，也没有与其他人争抢。她只是谦让地站在一步以外，等别的孩子都拿到以后，才把剩在篮子里最小的一个面包拿起来。她并没有急于离去，她向面包师表示了感谢，并亲吻了面包师的手之后才向家走去。

第二天，面包师又把盛面包的篮子放到了孩子们的面前，其他孩子依旧如昨日一样疯抢着，羞怯、可怜的依娃只得到一个比头一天还小一半的面包。当她回家以后，妈妈切开面包，许多崭新、发亮的银币掉了出来。

妈妈惊奇地叫道："立即把钱送回去，一定是面包师揉面的时候不小心揉进去的。赶快去，依娃，赶快去！"当依娃拿着钱回到面包师那里，并把妈妈的话告诉面包师的时候，面包师慈爱地说："不，我的孩子，这没有错。是我把银币放进小面包里的，我要奖励你。愿你永远保持现在这样一颗感恩的心。回家去吧，告诉你妈妈这些钱是你的了。"她激动地跑回了家，告诉了妈妈这个令人兴奋的消息，这是她的感恩之心得到的回报。

其实，感恩并不要求回报。无力报答，或一时无机会报答，都不要紧，只要心中长存感恩、常念回报就行，因为感恩最重要的是一种精神。

事实上，我们常常会为一个陌路人的点滴帮助而感激不尽，却无视朝夕相处的同事和老板们的种种恩惠。这种心态总是让我们把他们对自己的支持与付出视为理所当然，甚至有时还满腹牢骚，抱怨不止，埋怨其支持自己的力度不够。

把信送给加西亚
A Message To Garcia

其实,感恩是一种良好的心态,当你以一种感恩的心态工作时,你会工作得更愉快、更出色。

一位成功的职业人士说:"是一种感恩的心态成就了我的人生。当我清楚地意识到我没有任何权利要求别人时,我对周围的点滴关怀都怀抱强烈的感恩之情。我竭力要回报他们,我竭力要让他们快乐。结果,我不仅工作得更加愉快,所获的帮助也更多,工作也更出色,我很快就获得了加薪升职的机会。"

也许,你现在的工作无法完全符合你的心意,但每一份工作中都存有许多宝贵的经验和资源,如自我成长的喜悦、友善的工作伙伴、值得感谢的客户等等。如果你能每天怀抱着一颗感恩的心去工作,在工作中始终牢记"拥有一份工作,就要懂得感恩"的道理,你一定会收获许多。

感恩是一种积极的心态,更是一种向上的力量。当你以一种知恩图报的心情去工作时,你会工作得更愉快,更有效率,我们的工作也将会更有创造力!

托马斯是美国奥美广告公司的一名设计师,有一次被公司总部安排前往德国工作。与美国轻松、自由的工作氛围相比,德国的工作环境显得紧张、严肃并有紧迫感,这让托马斯很不适应。

托马斯向上司抱怨:"这边简直糟透了,我就像一条

2 part
解读信使的品质

放在死海里的鱼,连呼吸都很困难!"上司是一位在德国工作多年的美国人,他完全能理解托马斯的感受。

"我教你一个简单的方法,每天至少说50遍'我很感激'或者'谢谢你',记住,要面带微笑,要发自内心。"

托马斯抱着试试看的态度,一开始觉得很别扭,要知道"刻意地发自内心"可不是件容易的事情。可是几天下来,托马斯觉得周围的同事似乎友善了许多,而且自己在说"谢谢你"的时候也越来越自然,因为感激已经像种子一样在他心里悄悄发芽生根。

渐渐地,托马斯发现周围的环境并不像自己想象中的那样糟糕。

到后来,托马斯发现在德国工作是一件既能磨练人又让人感到愉快的事情,是感恩的态度改变了这一切!

"谢谢你!"、"我很感激!"当你微笑而真诚地说出这些话之后,感恩的种子已经在你自己和别人的心里种下了,这是比任何物质奖励都宝贵的礼物!

学会感恩,不仅仅意味着要拥有宽广的胸襟和高尚的品德,实际上,它更应是一种愉悦自我的智慧。感恩是积极向上的思考和谦卑的态度,当一个人懂得感恩时,便会将感恩化作一种充满爱的行动,在生活中实践。感恩不是简单的报恩,它更是一种对工作的责任,一种追求阳光人生的精神境界!

感恩,就像阳光一样,带给我们温暖和美丽。

所以,无论你做什么工作,一定要培养心存感恩的习惯,这是提升自我的力量源泉。你应该持之以恒地怀有这种感恩的心态,无论你获得了多大的成就,你都要心存感恩。

2 part
解读信使的品质

忠诚会助你取得成功

既忠诚又有能力的员工,这种人不管到哪里都是老板喜欢的人,都能找到自己的位置。忠诚不是一味地阿谀奉承,忠诚也不是用嘴巴说出来的,它不仅要经受考验,而且还表现在你的行动和行为上。

如果说智慧和勤奋像金子一样珍贵的话,那么还有一种东西更为珍贵,那就是忠诚。"忠诚是人生的本色。"清朝著名思想家黄宗羲如是说。

员工对老板的忠诚可以增强老板的成就感和自信心,提高公司的竞争力,加快公司的发展。因此,许多老板在用人时,不仅要考察个人能力,而且会关注个人品质。

对于企业而言,一个忠诚的人十分难得,一个既忠诚又有能力的人更是难求。忠诚的人无论能力大小,老板都会给予重用,这样的人走到哪里都有条条大路向他们敞开。相反,能力再强,如果缺乏忠诚,也往往被人拒之门外。毕竟在人生事业中,需要用智慧来做出决策的大事很少,需要用行动来落实的小事甚多。少数人需要智慧加勤

把信送给加西亚
A Message To Garcia

奋,而多数人却要靠忠诚和勤奋。

在美国标准石油公司里,有一位名叫阿基勃特的小职员。无论在什么场合中签名,他都不忘顺便附上一句"每桶4美元的标准石油"。在书信及收据上也不例外,签了名,就一定写上那句宣传语。时间一长,同事们干脆给他取了个"每桶4美元"的外号,他的真名反倒没人再叫了。

公司董事长洛克菲勒听说此事后,便叫来阿基勃特,问他:"别人叫你'每桶4美元',你为什么不生气?"阿基勃特说:"我的外号就是我们公司的宣传语,别人叫我一次,就是替我们公司做了一次免费广告,我为什么要生气呢?"洛克菲勒感叹道:"这么忠诚敬业的人,时时刻刻都不忘为公司做宣传,你正是我们公司需要的职员啊!"于是邀请阿基勃特共进晚餐。

五年后,洛克菲勒卸任,阿基勃特成了标准石油公司的第二任董事长,他得到升迁的重要原因就是之前坚持不懈地为公司做宣传。这是一件谁都可以做到的事,可是只有阿基勃特一个人去做了,而且坚定不移、乐此不疲。嘲笑他的人中,肯定有不少人的才华和能力在他之上,可是最后,只有他成为了董事长,这正是忠诚所创造出来的伟大奇迹。

2 part
解读信使的品质

公司的稳定和发展需要一批忠诚的员工。我们每一个员工都要力争做对公司忠诚的人，忠心耿耿，兢兢业业。忠诚的员工是公司发展的脊梁。忠诚的员工爱公司，同时忠诚的员工也需要公司去培养、去爱护。有了一大批忠诚的员工，公司才有活力，才有凝聚力和战斗力，才有永恒不竭的发展动力，才能经受市场复杂形势的考验，永远立于不败之地。

忠诚，不仅仅是品德范畴的东西，它更成为了一种生存的必备素养。一位成功学家说："如果你是忠诚的，你就会成功。"忠诚是一种美德，一个对公司忠诚的人，实际上不是纯粹忠于一个企业，而是忠于人类的幸福。如果一个人失去了对公司的忠诚，那他也就失去了做人的本色，失去了做事的原则，失去了成功的机会。

当然，忠诚并不是从一而忠，而是一种职业的责任感，不是对某个公司或者某个人的忠诚，而是一种职业的忠诚，是承担着某一责任或者从事某一职业所表现出来的敬业精神。

但如今，忠诚的员工越来越难找了。许多公司投入大量人力物力对员工进行培训，可是这些员工却往往把公司当作跳板，在积累了一定的工作经验之后，就开始跳槽。而那些留下来的也整天抱怨老板太刻薄，工作环境太差。然而，我们发现那些管理机制健全的公司，员工也同样不

把信送给加西亚
A Message To Garcia

专心工作，跳槽的事情也频繁发生。因此，我们不得不把考察的重点放在员工的忠诚度上。调查结果显示，在大多数情况下，员工跳槽并不是公司和老板的责任，而是因为员工没有正确定位自己，对现实作了错判。他们高估了自己的实力，把那些向他们暗送秋波的公司想得太过美好了。

员工缺乏忠诚，频繁跳槽，直接遭受损失的是企业。但从根本上讲，损失最大的实际上是员工自己。无论是从个人资源的积累，还是从养成朝三暮四的坏习惯来看，跳槽都会使员工的价值贬低。跳槽的人从未认真考虑自己内心的需求，对自己的目标也缺乏明确的定位，所以他们当然无法确定自己的发展方向。

日本企业招聘员工的时候，第一看重的不是能力，而是个人的品质。因为，能力是可以通过培养获得的，而要改变一个人的品质却十分困难。

忠诚的日本职员常以"我家"来称呼自己所在的公司，在称呼对方所在的公司时也从不说"你们公司"，而是称"府上"。很多日本职员都把公司看成是自己社会生活的一切或整个生命价值和意义的根本，感情色彩极为浓厚。

丰田公司发生过这样一个故事：一个丰田公司的老员

工，在他第一次正式约见女儿的男友时，就郑重地对未来女婿提出："我无其他要求，只是希望以后你的家人和你们自己买车必须买丰田车！"这位老员工对丰田公司的忠诚可见一斑。

员工忠于公司最直接的行为就是融入公司，和公司成为一个共同体。一个人一旦成为某个公司的一员，他事实上就接受了公司既定的规则、惯例、人际关系等。他接受这一切，并将它们变成自己的价值观念；他把"忠于公司"变成一种信仰和原则，并据此看待他人。可以说，这样的忠诚是牢不可破的。

作为员工，应该与企业的经营理念保持一致，遵守企业的生产经营方式，为企业发展出谋划策，与企业同舟共济，始终坚持企业利益优先。在日本，忠于企业的员工常常能主动地"从我做起、从现在做起"。例如，一位日本职员准备辞职离开公司时，他会尽量少找共过事的同事，以免给原企业带来不利影响，他更可能去找他曾经的同学、朋友等。

如果你忠诚地对待你的老板，他也会真诚对待你；当你忠诚地对待你所任职的公司，别人对你的尊敬也会增加一分。不管你的能力如何，只要你真正表现出对公司足够的忠诚，你就能赢得老板的信赖。老板会乐意在你身上投资，给你培训的机会，提高你的技能，因为他认为你是值得他信赖和培养的。

既忠诚又有能力的员工，这种人不管到哪里都是老板喜欢的人，都能找到自己的位置。而那些三心二意，只想着个人得失的员工，就算他的能力无人能及，老板也不会委以重任的。忠诚于公司、忠诚于老板，实际上就是忠诚于自己。

忠诚是公司的需要，也是个体的需要，个体依靠忠诚立足于职场。忠诚不是一种纯粹的付出，忠诚会有丰厚的回报，个体是忠诚的最大受益人。虽然你通过忠诚工作所创造的大部分价值并不属于你个人，但你通过忠诚工作所树立的声誉则完完全全属于你个人，你将在人才市场上变得更具竞争力，你的名字也会因此而变得更具含金量。

热爱工作能创造奇迹

当一个人喜爱他的工作时,他十分投入,其表现出来的自发性、创造性、专注和谨慎,非常明显。即使是补鞋这么个低微的工作,也有人把它当做艺术来做,全身心地投入进去。这样的补鞋匠给你的感觉他就是一个真正的艺术家。

热爱自己企业的前提条件就是要全心全意热爱你的工作,要是你不喜欢也不热爱自己的工作,在工作的时候没有饱满的激情,那么你热爱企业也就无从谈起。

当我们在做自己喜欢做的事情的时候,很少感到疲倦,很多人都有这种感觉。例如周末的时候你到河边去钓鱼,在河边坐了整整10多个小时,但是你一点都不觉得累,为什么?因为钓鱼是你的兴趣所在,从钓鱼中你享受到了快乐。要是你从事着你不喜欢的工作,不要说工作10多个小时,可能工作1个小时你心里就开始盼望下班了。其实产生疲倦的主要原因,是对工作的厌倦,是对某种工作特别厌烦。而且这种心理上的疲倦感往往比肉体上的体力消耗更让人难以支撑。

你只有像喜欢钓鱼一样喜爱你的工作，你才能热爱你的工作并做好你的工作。在钓鱼的工作中你能得到乐趣，在其他的工作中你也同样能得到乐趣。

由此可见，很多时候两个人同样从事一种工作，在态度、方式上却迥然不同。一位女性问题专家曾举了这样一个例子：

如某些十分擅长做家务劳动的家庭主妇，不管她们是烤面包、铺床还是擦洗家具，都是一副全身心投入的专注神态。她们以积极的心态做这些事，并从中享受到乐趣。这在另外一些主妇看来是十分单调乏味的事情，在她们看来，却妙不可言。她们能从家务事中体会到艺术的美。不管是照料孩子还是料理家务，都不觉得枯燥乏味。事实上，看着她们以轻松愉悦的心情干着事，看着她们心满意足的神情，简直是一种享受。她们心情愉悦地摆放着每一件家具，摆弄着自己喜爱的小玩意儿，她们的品位得到完全的体现。整个家庭的氛围是那样的温馨、舒适，使人的心灵得到慰藉，生活变得更为甜蜜。

而另外一些家庭主妇，她们把家务活看成是累赘，如果可能的话，宁愿以少活两年来换取免做一切家务。她们厌恶家务活，只要稍有可能，她们就会拖延或干脆省掉那

2 part
解读信使的品质

些家庭劳动,即使是被迫做了一些,也是非常的糟糕,甚至一片狼藉,整个房间乱七八糟,毫无舒适感。在这样的家庭里,心灵怎么会得到满足呢?你只会觉得一切简直是糟糕极了。换句话说,她是以应付了事的心态在做事,而不像前面提到的家庭主妇,而是把做家务当成了一门艺术。

当一个人喜爱他的工作时,这是很容易就能看出来的。他十分投入,其表现出来的自发性、创造性、专注和谨慎,非常明显。而这在那些视工作为应付差事、枯燥乏味的人那里,是根本看不见的。

这样的情形在办公室、商店、工厂里随处可见。有些职员散漫拖沓似乎连走路都费很大的劲,让人觉得,对他们来说工作是一个沉重的负担,甚至是一种折磨。他们厌恶自己的工作,希望一切都快些结束,他们根本无法理解,为什么别人能充满热情,干劲十足,自己却总是觉得不管什么事情都乏味无聊。看着这样的职员干活,简直就是受罪,他们自由散漫、愤世嫉俗。而那些充满乐观精神、积极上进的人,做什么事都干劲十足,神情专注,心情愉快,自己不断地创造机会、把握机会,一心想把工作做得更好。

热爱自己的工作,做最优秀的员工,不仅要求我们把

把信送给加西亚
A Message To Garcia

我们应该做的工作做好，还要求我们提高自己的思想意识，把自己的思想意识提高到优秀员工的层次，更要求我们在工作中不断地学习，不断地提高、不断地充实自己。

在工作过程中，最好的执行者，都是自觉执行的人，他们确信自己有能力完成任务。

这样的人的个人价值和自尊是发自内心的，而不是来自他人。也就是说、他们不是凭一时冲动做事，也不是只为了老板的称赞，而是自觉地执行、不断地追求完美。

一位心理学家在研究过程中，为了实地了解人们对于同一件事情在心理上所反应出来的个体差异，他来到一所正在建筑中的大教堂，对现场忙碌的敲石工人进行访问。

心理学家问他遇到的第一位工人："请问你在做什么？"

工人没好气地回答："在做什么？你没看到吗？我正在用这个重得要命的铁锤，来敲碎这些该死的石头。而这些石头又特别的硬，害得我的手酸麻不已，这真不是人干的工作。"

心理学家又找到第二位工人："请问你在做什么？"

第二位工人无奈地答道："为了每天500美元的工资，我才会做这件工作，若不是为了一家人的温饱，谁愿意干这份敲石头的粗活？"

心理学家问第三位工人："请问你在做什么？"

第三位工人眼中闪烁着喜悦的神采："我正参与兴建这座雄伟华丽的大教堂。落成之后，这里可以容纳许多人来做礼拜。虽然敲石头的工作并不轻松，但当我想到，将来会有无数的人来到这儿，再次接受上帝的爱，心中便常为这份工作献上感恩。"

同样的工作，同样的环境，却有如此截然不同的态度。

第一种工人，是完全无可救药的人。可以设想，在不久的将来，他将不会得到任何机会的眷顾，甚至可能是生活的弃儿。

第二种工人，是没有责任和荣誉感的人。对他们抱有任何指望肯定是徒劳的，他们抱着为薪水而工作的态度，为了工作而工作。他们肯定不是企业可依靠和老板可依赖的员工。

第三种工人，在他们身上看不到丝毫抱怨和不耐烦的痕迹。相反，他们是具有高度责任感和创造力的人，他们充分享受着工作的乐趣和荣誉，同时，因为他们的努力工作，工作也带给了他们足够的荣誉。他们就是我们想要的那种员工，他们是最优秀的员工。

事实也是如此，如果一个人把时间都用在了闲聊和发

把信送给加西亚
A Message To Garcia

牢骚上,就根本不会想用行动去改变现实境况。对于他们来说,不是没有机会,而是缺少激情和热爱。如果一个人安于现状,安于贫困,视贫困为正常状态,不想努力挣脱贫困,那么在身体中潜伏着的力量就会失去它的效能,他的一生便永远不能脱离贫困的境地。

贫穷本身并不可怕,可怕的是思想的贫穷,以及认为自己命中注定贫穷的意念。一旦有了这种可怕的思想,你就不会竭尽全力,就会丢失进取心,也就永远无法成功。从今天起,以饱满的激情全心全意地热爱你的工作吧,你才能振作起来,你的前途将充满光明。

珍惜你的岗位是一条实现自己人生价值的必经之路。只有踏踏实实,充分用好自己在岗位上的每一天,刻苦钻研,奋发图强,才能获得人生的成功。

当年,年轻的帕瓦罗蒂从师范学院毕业后,问他父亲:"我是选择当歌唱家呢,还是当老师?"父亲回答他说:"你如果想同时坐在两把椅子上,只会从椅子中间掉下去。生活要求我们只能选择一把椅子坐。"

同样,如果你不珍惜自己的岗位,好高骛远,这山望着那山高,到头来只会一事无成。也许你觉得自己的岗位很平凡,那么请你回头看看掏粪工人时传祥、石油工人王进喜、公交车售票员李素丽……他们中的哪一个不是在平凡的岗位上做出了不平凡的事迹？也许你觉得自己的岗位很辛苦，那么"宝剑锋从磨砺出，梅花香自苦寒来"的道理你该懂吧。没有辛勤的耕耘，又哪来丰收的喜悦？

珍惜岗位就是珍惜自己的就业机会，拓展自己的生存和发展空间。有人说失去的时候才会懂得珍惜，如果你对工作总是漫不经心，做一天和尚撞一天钟，不珍惜自己的岗位，到头来损害的不光是企业的利益，自己也会因此而丢掉手中的饭碗，到时候恐怕后悔莫及！

努力工作就是成全自己，工作要有责任感、使命感，更要有危机感、压力感。努力工作的关键就是要珍惜自己的岗位，力争把自己锻炼成岗位能手。

全心全意，尽职尽责

工作就意味着责任。每一个职位所规定的工作任务就是一份责任，你从事这份工作就应该担负起这份责任，我们每个人都应该对所担负的工作充满责任感。

有一位伟人曾说："人生所有的履历都必须排在勇于负责的精神之后。"责任能够让一个人具有最佳的精神状态，精力旺盛地投入工作，并将自己的潜能发挥到极致。

一个人无论从事何种职业，都应该专注，尽自己的最大努力，求得不断的进步。这不仅是工作的原则，也是人生的原则。如果能全身心投入工作，对每件事情都高度负责，把每件事情都能做透，那么最后必能提升自己，赢取成功。那些取得巨大成就的人，都是能够全心全意，尽职尽责的人。

有一个刚刚进入公司的年轻人，自认为专业能力很强，对待工作十分随意。有一天，他的上司交给他一项任

2 part
解读信使的品质

务——为一家知名的企业做一个广告宣传方案。

这个年轻人自以为才华横溢,用了一天的时间就把这个方案做完了,交给上司。他的上司一看不行,又让他重新起草了一份。结果,他又用了两天时间,重新起草了一份,交给上司看了之后,虽然觉得不是特别完美,也还能用,就把它呈报给了老板。

第二天,老板让年轻人的上司把他叫进了自己的办公室。问他:"这是你能做得最好的方案吗?"年轻人一怔,没敢回答。老板轻轻地把方案推给了他,年轻人什么也没说,拿起了方案,折回了自己的办公室。

然后,他调整了一下自己的情绪,又修改了一遍,重新交给了老板。老板还是那一句话:"这是你能做得最好的方案吗?"年轻人心中还是忐忑不安,不敢给予一个肯定的答复。于是,老板让他还是拿回去重新斟酌,认真修改。

这一次,他回到了办公室里,费尽心思,苦思冥想了一个星期,彻底地修改完后交了上去。老板看着他的眼睛,依然问的是那一句话:"这是你能做的最好的方案吗?"年轻人信心百倍地回答说:"是的,我认为这是最好的方案。"老板说:"好!这个方案批准通过。"

有了这一次的工作经历之后,年轻人明白了一个道理:只有尽职尽责的工作,才能够把工作做得尽善尽美。

把信送给加西亚
A Message To Garcia

以后,在工作中,他便经常叮咛自己:不要分心,一定要尽职尽责地对待自己的工作。结果,他变得越来越出色,受到了上司和老板的器重。

工作就意味着责任。每一个职位所规定的工作任务就是一份责任,你从事这份工作就应该担负起这份责任,我们每个人都应该对所担负的工作充满责任感。

我们来看一个事例:

一家著名国际贸易公司高薪招聘业务人员。在众多的应聘者中,有一位年轻人条件相对优秀,不仅毕业于名牌大学,而且又有3年在外贸公司工作的经验。因此,当他面对主考官的时候显得非常自信。

"你原来在外贸公司做什么工作?"主考官问道。

"做花椒贸易。"

"以前花椒的销路非常好,可是最近几年国外客商却不要了,你知道为什么吗?"

"因为花椒质量不好。"

"你知道为什么不好吗?"

年轻人想了想,说道:"一定是农民在采集花椒的时候不够细心!"

主考官看了看他,说:"你错了。我去过花椒产地,采集花椒的最佳时间只有一个月。太早了，花椒还没有成熟；太晚了，花椒在树上就已经爆裂了。花椒采好后，要在太阳下暴晒一整天，如果晒不好，就不能称之为上品。近几年来，许多农民图省事，把采集好的花椒放在热炕上烘干。这样烘出来的花椒虽然从颜色上看起来和晒过的花椒差不多，但是味道就相差很远了。"

"一个好的业务员要重视工作中的各个细节，认真把每一件事都做透。"主考官最后说。

职场上就是如此，有些员工本来具有出色的能力，却因为不具备尽职尽责的工作精神，在工作中经常出现疏漏，结果让自己逐渐平庸下去。而另外有一些人，刚开始在工作中表现得并不出色，他们也明白自己的情况，为了改变自身的境况，他们全身心地、尽职尽责地投入到工作之中，想尽一切办法把自己的工作做得完美。这样的人最后在事业上都取得了一定的成就。

一个人责任感的高低强弱决定了他对待工作是尽心尽力还是浑浑噩噩，而这又决定了他工作成绩的好坏。如果在工作中，我们每个人都对工作充满着责任感，对出现的每一个问题都能想方设法去解决，那么，我们将会赢得更多的尊敬和荣誉。

责任感是我们战胜工作中诸多困难的强大精神动力，

它使我们有勇气排除万难,甚至可以把"不可能完成"的任务完成得相当出色。但是,一旦失去责任感,即使是做自己最擅长的工作,也会做得一塌糊涂。

乔治做了一辈子的木匠工作,他因敬业和勤奋而深得老板的信任。年老力衰时,乔治对老板说,自己想退休回家与妻子儿女共享天伦之乐。

老板十分舍不得他,再三挽留,但是他去意已决,不为所动。老板只好答应他的请辞,但希望他能再帮助自己盖一座房子。乔治自然无法推辞。

乔治已归心似箭,心思全不在工作上了。用料也不那么严格,做出的活也全无往日的水准。等到房子盖好后,乔治兴冲冲地向老板请辞。这时,老板做出了一个让乔治意想不到的举动——老板将钥匙交给了乔治。

"这是你的房子,"老板说,"我送给你的礼物。"老木匠愣住了,悔恨和羞愧溢于言表。他一生盖了那么多豪宅华亭,最后却为自己建了这样一座粗制滥造的房子。

同样一个人,可以盖出豪宅华亭,也可以建造出粗制滥造的房子,不是因为技艺减退,而是因为失去了责任感。如果一个人希望自己一直有杰出的表现,就必须在心中种下责任的种子,让责任感成为鞭策、激励、监督自己

2 part
解读信使的品质

的力量,使自己在工作中没有丝毫的懈怠。

一个有责任感的员工,不仅仅要完成他自己分内的工作,而且要时时刻刻为企业着想。公司也会为拥有如此关注公司发展的员工感到骄傲,也只有这样的员工才能够得到公司的信任。事实上,只有那些能够勇于承担责任并具有很强责任感的人,才有可能被赋予更多的使命,才有资格获得更大的荣誉。

让责任感成为习惯,注意工作中的细节将有助于责任感的养成。一个书店的营业员能经常擦拭书架上的灰尘;一家公交公司的司机,能让自己的车天天保持整洁;公司的销售人员每天回访部分客户;车间的工人定期维护、检修生产设备……这些对工作高度负责的做法渐渐地就会习惯成自然。

当把负责任变成一种习惯,变成一个人的生活态度,我们就会自然而然地担负起责任,而不是刻意地去应付和搪塞。当一个人自然而然地做一件事情时,当然不会觉得麻烦,更不会觉得劳累。当你意识到责任在召唤你的时候,你就会随时为责任而放弃别的一切,而且你不会觉得这种放弃有多么艰难。

无论做什么事都需要尽职尽责,它对事业上的成败都起着决定作用。一个成功的经营者说:"如果你能真正制好一枚别针,应该比你制造出粗陋的蒸汽机赚到的钱更多。"然而,这么多年来,没有多少人领会到这一点。

　　一旦领悟了高度负责和全力以赴地工作能消除工作的辛苦这一秘诀,就掌握了获得成功的原理。即使你的职业是平庸的,如果你处处抱着尽职尽责的态度去工作,也能获得个人极大的成功。如果你想做一个成功的值得上司信任的员工,你就必须尽量追求精确和完美。

　　尽职尽责地对待自己的工作是成功者的必备品质。

2 part
解读信使的品质

你愿意做哪种人呢

"问题到此为止"。简单地说就是:你的问题,你必须负责,你的问题,必须到你为止,既不能坐视不理,也不能丢给别人。

回想在我们的周围是否时常会传来这样的声音呢:
"现在是午餐时间,你下午两点钟再过来吧。"
"那不属于我的工作范畴。"
"我实在是太忙了。"
……

"Buckets stop here"——美国第33任总统杜鲁门上任之后,在自己的办公桌上摆了个牌子,上面写着这句话,意思是"问题到此为止"。简单地说就是:你的问题,你必须负责,你的问题,必须到你为止,既不能坐视不理,也不能丢给别人。

是时候和那些无聊的推托之词说再见了,那样的情形真的还能够继续下去吗?当然,在这些司空见惯的话语和令人困惑的事情之外，我们也能看到了另外一些与之相反的事例。

晓菲在一家大公司担任办公室文员的职务。一天中午，同事们都出去吃中餐了，这时，一个部门经理在经过她的办公桌前停了下来，想让她帮忙找一些急用的文件。这明显不是晓菲的工作，甚至晓菲对此一无所知，但她依然回答道："好吧，就让我来帮助您处理这件事情吧！我会尽快找到并将它送到您的手上。"当她忙碌了好一阵儿，终于找见了那份材料交到对方面前时，部门经理显得格外高兴。

一年之后，晓菲作为一个新人被提升到了一个更重要的部门工作，薪水自然也提高了很多。聪明的读者一定能够猜得到，就是那位部门经理推荐了她。

无疑，这世界上根本就不存在报酬丰厚但却不需承担任何责任的事情。

主动要求承担更多的责任或自动承担责任是成功者必备的素质。大多数情况下，即使你没有被正式告知要对某事负责，你也应该想尽一切办法做好它。如果你能表现出胜任某种工作，那么，责任和报酬就会接踵而至。

让问题到此为止的做法在职场上表现的是一种不寻找

借口、不逃避矛盾、不回避问题的高贵品质。每个员工都应该勇敢地去承担那些属于自己的责任,遇到问题要敢于面对,勇于解决,不要给自己找任何借口。

管理大师彼得·德鲁克曾经说过:"员工必须停止把问题推给别人,应该学会运用自己的意志力和责任感,着手行动以处理这些问题,真正承担起自己的责任来。"如果一家企业不具有这种解决问题的责任感,就不能做大做强,如果一名员工不具备这种解决问题的责任心,就不能生存发展。

因此,我们在遇到问题的时候,一定要记得这句话:让问题到此为止,从而去负起责任来。世界上没有解决不了的问题,只要积极努力地去想办法,一定能解决任何问题。

美国一家餐饮用品公司在日本订购了一批价格昂贵的高脚玻璃杯,因为货款及订货数量的巨大,公司缘于谨慎的角度考虑还专门派了一位经理到日本的工厂监督生产。

美方代表发现,这家工厂的技术水平处于世界领先水平,生产出来的产品更是毫无瑕疵。对此,他非常满意。

但当他退出车间的时候,无意中发现一个工人正从生产线上挑出一部分杯子放在旁边黑色桶里,而不是打包装箱,这引起了他的好奇。他走上前去,从黑色桶里取出一个玻璃杯仔细看了一下,并没有发现什么异常,于是就问:"这些挑出来的杯子打算做如何用途呢?"

"哦,这些都是质量不过关的瑕疵品,只能被销毁。"工人一边工作一边回答。

"但在我看来这些杯子并没有什么大问题啊?"美方经理又一次看了一遍手上的杯子不解地问。

"是这样,如果您对着灯光,你会发现这些杯子的某个部分或多或少会有一些小的气泡,这说明杯子在制造的过程中漏进了空气形成的。"

"但这些微小的一般人都难以觉察的气泡又有什么关系呢?"

"可这是公司的规定啊,我们在工作的过程中必须要严格按照规定办事,一定要把那些哪怕有一丁点瑕疵的产品也挑出来,绝不能出现任何有瑕疵的产品流放到市场上去。就算客户看不出来,工厂也是绝对不允许这样的情况发生。"

听了工人的话,美方代表异常感动。再回到房间里,这位代表就抑制不住自己的情绪,打开电脑给公司总部写了一封邮件,其大意如下:

这里的员工堪称典范,他们甚至是在无人监督的情况之下,用工厂那些几乎苛刻的标准生产和检验产品,无疑通过这样工序生产出的产品绝对能够达到我们的使用标

2 part
解读信使的品质

准。拥有这样员工的企业绝对值得信任,我甚至建议公司可以马上与该企业签订长期的供销合同,而我也没有必要再呆在这里了。

这个世界上有两种人永远无法超越别人:第一种人是只做别人交代的工作;另一种人是做不好别人交代的事。一个人怎样才能做出不同寻常的成绩呢?首先就要对工作中出现的问题负责,能够主动地去承担更多的责任,并且努力地去寻找解决问题的方法,这也是每一个成功者的必备素质。

要想成为一个优秀员工,必须明白一个道理,就是"我的问题,我要负责到底",不要推给任何人。自动自发,不用别人吩咐,不用别人要求,就能主动而且出色地完成工作。

如果你想成为一名优秀的员工,那么对于工作中的问题,就要像杜鲁门总统一样,在自己的办公桌上竖起一张牌子或者在墙上贴一张纸,上面写着"让问题到此为止"。

亲爱的读者,你愿意做第几种人呢?

把信送给加西亚
A Message To Garcia

附 录

英文版原文

A Message To Garcia

In all this Cuban business, there is one man stands out on the horizon of my memory like Mars at perihelion.

When war broke out between Spain and the United States, it was very necessary to communicate quickly with the leader of the Insurgents. Garcia was somewhere in the mountain vastness of Cuba – no one knew where. No mail nor telegraph message could reach him. The President must secure his cooperation, and quickly. What to do!

Some one said to the President, "There's a fellow by the name of Rowan will find Garcia for you, if anybody can."

Rowan was sent for and given a letter to be delivered to Garcia. How the "fellow by the name of Rowan" took the letter, sealed it up in an oilskin pouch, strapped it over his heart, in four days landed by night off the coast of Cuba from an open boat, disappeared into the jungle, and in three weeds came out on the other side of the Island, having traversed a hostile country on foot, and delivered his letter to Garcia – are things I have no special desire now to tell in detail. The point that I wish to make is this: McKinley gave Rowan a letter to be delivered to Garcia; Rowan took the letter and did not ask, "Where is he at?"

By the Eternal! there is a man whose form should be cast in deathless bronze, and the statue placed in every college of the land. It is not book – learning young men need, nor instruction about this and that, but a stiffening of the vertebrae which will cause them to be loyal to a trust, to act promptly, concentrate their energies: do the thing "Carry a message to Garcia."

General Garcia is dead now, but there are other Garcias. No man who has endeavored to carry out an enterprise where many hands were needed, but has been well – nigh appalled at times by the imbecility of the average man – the inability or unwillingness to concentrate on a thing and do it.

Slipshod assistance, foolish inattention, dowdy indifference, and half – hearted work seem the rule; and no man succeeds, unless by hook or crook or threat he forces or bribes other men to assist him; or mayhap, God in His goodness performs a miracle, and sends him an Angel of Light for an assistant.

You, reader, put this matter to a test: You are sitting

now in your office – six clerks are within call. Summon any one and make this request: "Please look in the encyclopedia and make a brief memorandum for me concerning the life of Correggio." Will the clerk quietly say, "Yes, sir." and go do the task?

On your life, he will not. He will look at you out of a fishy eye and ask one or more of the following questions: Who was he Which encyclopedia? Where is the encyclopedia? Was I hired for that? Don't you mean Bismarck? What's the matter with? Charlie doing it Is he dead Is there any hurry? Shan't I bring you the book and let you look it up yourself? What do you want to know for?

And I will lay you ten to one that after you have answered the questions, and explained how to find the information, and why you want it, the clerk will go off and get one of the other clerks to help him try to find Garcia and then come back and tell you there is no such man. Of course I may lose my bet, but according to the Law of Average, I will not.

Now, if you are wise, you will not bother to explain to your "assistant" that Correggio is indexed under the C's, not in the K's, but you will smile very sweetly and say, "Never mind," and go look it up yourself. And this incapacity for independent action, this moral stupidity, this infirmity of the will, this unwillingness to cheerfully catch hold and lift – these are the things that put pure Socialism so far into the future.

If men will not act for themselves, what will they do when the benefit of their effort is for all?

A firstmate with knotted club seems necessary; and the dread of getting "the bounce" Saturday night holds many a worker to his place. Advertise for a stenographer, and nine out of ten who apply can neither spell nor punctuate – and do not think it necessary to.

Can such a one write a letter to Garcia?

"You see that bookkeeper," said the foreman to me in a large factory. "Yes, what about him" "Well he's a fine accountant, but if I'd send him up town on an errand, he might accomplish the errand all right, and on the other hand, might stop at four salons on the way, and when he got to Main Street would forget what he had been sent for." Can such a man be entrusted to carry a message to Garcia?

We have recently been hearing much maudlin sympathy expressed for the "downtrodden denizens of the sweat – shop" and the "homeless wanderer searching for honest employment", and with it all often go many hard words for the men in power.

Nothing is said about the employer who grows old before his time in a vain attempt to get frowsy ne'er – do – wells to do intelligent work; and his long, patient striving after "help" that does nothing but loaf when his back is turned.

把信送给加西亚
A Message To Garcia

In every store and factory there is a constant weeding – out process going on. The employer is constantly sending away "help" that have shown their incapacity to further the interests of the business, and others are being taken on. No matter how good times are, this sorting continues: only, if times are hard and work is scarce, the sorting is done finer – but out and forever out the incompetent and unworthy go. It is the survival of the fittest. Self – interest prompts every employer to keep the best – those who can carry a message to Garcia.

I know one man of really brilliant parts who has not the ability to manage a business of his own, and yet who is absolutely worthless to any one else, because he carries with him constantly the insane suspicion that his employer is oppressing, or intending to oppress him. He cannot give orders, and he will not receive them. Should a message be given him to take to Garcia, his answer would probably be, "Take it yourself!"

Tonight this man walks the streets looking for work, the wind whistling through his threadbare coat. No one who knows him dare employ him, for he is a regular firebrand of discontent. He is impervious to reason, and the only thing that can impress him is the toe of a thick – soled Number Nine boot.

Of course, I know that one so morally deformed is no less to be pitied than a physical cripple; but in our pitying, let us drop a tear, too, for the men who are striving to carry on a great enterprise, whose working hours are not limited by the whistle, and whose hair is fast turning white through the struggle to hold in line dowdy indifference, slipshod imbecility, and the heartless ingratitude which, but for their enterprise, would be both hungry and homeless.

Have I put the matter too strongly? Possibly I have; but when all the world has gone a - slumming I wish to speak a word of sympathy for the man who succeeds - the man who, against great odds, has directed the efforts of others, and having succeeded, finds there's nothing in it: nothing but bare board and clothes. I have carried a dinner pail and worked for day's wages, and I have also been an employer of labor, and I know there is something to be said on both sides. There is no excellence, perse, in poverty; rags are no recommendation; and all employers are not rapacious and high - handed, any more than all poor men are virtuous. My heart goes out to the man who does his work when the "boss" is away, as well as when he is at home. And the man who, when given a letter for Garcia, quietly takes the missive, without asking any idiotic questions, and with no lurking intention of chucking it into the nearest sewer, or of doing aught else but deliver it, never gets "laid off" nor has to go on a strike for higher wages. Civilization is one long anxious search for just such individuals.

Anything such a man asks shall be granted. He is wanted in every city, town and village - in every office, shop, store and factory. The world cries out for such: he is needed and needed badly – the man who can "Carry a Message to Garcia."

So who will send a letter to Garcia?

Elbert Hubbard
1899

关于本书的赞誉

这是一本内容十分丰富的读物,我把这本书推荐给每个人。

——《华盛顿邮报》

这是一个关于一名军人通过自己的努力独立完成任务的故事。它被翻译成多种语言文字,并且成为成功的典范。

——《纽约时报》

世界上,能把信带给加西亚的人是很稀少的。很多人满足于平庸的现状,在推诿、偷懒、取巧中应付自己的生活,却并不知道:想要成功就必须选择生活而不是让生活选择你。对于每一个人来说,生活需要的不是问题,而是解决问题。

——《光明日报》

把信送给加西亚
A Message To Garcia

安德鲁·罗文通过他不畏艰险的敬业精神,影响并推动了一项事业的发展,正如许多公司中那些孜孜不倦、埋头苦干的领导者和员工一样,他们的敬业精神有力地推动了公司事业的发展。

——《南方都市报》

一本与"奶酪理论"截然不同,提倡"一盎司忠诚相当于一磅智慧"的小册子——《把信送给加西亚》在上海悄悄走红,一些公司的老板纷纷将该书赠送给员工作为激励敬业精神的教材。

——《新民晚报》

我希望有一天早晨,在每个公司的员工桌子上,都会端端正正地摆上一本《把信送给加西亚》,而不是《谁动了我的奶酪》。我希望借这本书,中国能够掀起一场关于诚信的讨论,这种热烈讨论的场面能够出现在每一家公司、商店以及每一个政府机构里。

——《中国经营报》

这本书最初是一位银行总裁推荐给我的,他曾要求他单位的所有雇员阅读它。我发现书中有许多概念正是我所需要的,于是也要求公司每一个新聘用的员工都要读这本书,并且加以讨论。

——斯坦银行总裁 拉尔夫·库米

我曾经把这本书推荐给我的一位下属,他在看完之后打电话询问我,是否有什么话想对他说的时候,我微笑着告诉他:没错,我想表达的意思很简单,那就是敬业和忠诚。

——卡里斯公司总裁 约翰·莫里森

因为有了安德鲁·罗文这位英雄,阿尔伯特·哈伯德才创作了不朽的名作《把信送给加西亚》。让我们通过这部作品获取一种进取心,在这种追求中获得一种动力,即使我们自己付出再多的代价,就算是付出生命,为了国家也在所不惜。

——著名的人力资源管理专家 哈里斯